ENTWICKLUNG VON DATENMODELLEN FÜR EIN OBJEKTORIENTIERTES ENGINEERING DATA MANAGEMENT SYSTEM ZUR UNTERSTÜTZUNG VON TEAMORIENTIERTEN ORGANISATIONSFORMEN

Von der Fakultät Konstruktions- und
Fertigungstechnik der Universität Stuttgart
zur Erlangung der Würde
eines Doktor-Ingenieurs (Dr.-Ing.)
genehmigte Abhandlung

vorgelegt von

Dipl.-Ing. Frank Marcial
aus Singen/Htwl.

Hauptberichter: Prof. Dr.-Ing. habil. H.-J. Bullinger
Mitberichter: Prof. Dr.-Ing. G. Lechner

Tag der Einreichung: 4. Dezember 1996
Tag der mündlichen Prüfung: 13. Mai 1997

Frank Marcial

Entwicklung von Datenmodellen für ein objektorientiertes Engineering Data Management System zur Unterstützung von teamorientierten Organisationsformen

Mit 76 Abbildungen und 26 Tabellen

Dr.-Ing. Frank Marcial
Fraunhofer-Institut für Arbeitswirtschaft und Organisation (IAO), Stuttgart

Prof. Dr.-Ing. Dr. h. c. mult. H. J. Warnecke
o. Professor an der Universität Stuttgart
Fraunhofer-Institut für Produktionstechnik und Automatisierung (IPA), Stuttgart

Prof. Dr.-Ing. habil. Prof. E. h. Dr. h. c. H.-J. Bullinger
o. Professor an der Universität Stuttgart
Fraunhofer-Institut für Arbeitswirtschaft und Organisation (IAO), Stuttgart

D 93

ISBN 978-3-540-63340-2 ISBN 978-3-642-47906-9 (eBook)
DOI 10.1007/978-3-642-47906-9

Gesamtherstellung: Copydruck GmbH, Heimsheim
SPIN 10636756 62/3020–5 4 3 2 1 0

Geleitwort der Herausgeber

Über den Erfolg und das Bestehen von Unternehmen in einer marktwirtschaftlichen Ordnung entscheidet letztendlich der Absatzmarkt. Das bedeutet, möglichst frühzeitig absatzmarktorientierte Anforderungen sowie deren Veränderungen zu erkennen und darauf zu reagieren.

Neue Technologien und Werkstoffe ermöglichen neue Produkte und eröffnen neue Märkte. Die neuen Produktions- und Informationstechnologien verwandeln signifikant und nachhaltig unsere industrielle Arbeitswelt. Politische und gesellschaftliche Veränderungen signalisieren und begleiten dabei einen Wertewandel, der auch in unseren Industriebetrieben deutlichen Niederschlag findet.

Die Aufgaben des Produktionsmanagements sind vielfältiger und anspruchsvoller geworden. Die Integration des europäischen Marktes, die Globalisierung vieler Industrien, die zunehmende Innovationsgeschwindigkeit, die Entwicklung zur Freizeitgesellschaft und die übergreifenden ökologischen und sozialen Probleme, zu deren Lösung die Wirtschaft ihren Beitrag leisten muß, erfordern von den Führungskräften erweiterte Perspektiven und Antworten, die über den Fokus traditionellen Produktionsmanagements deutlich hinausgehen.

Neue Formen der Arbeitsorganisation im indirekten und direkten Bereich sind heute schon feste Bestandteile innovativer Unternehmen. Die Entkopplung der Arbeitszeit von der Betriebszeit, integrierte Planungsansätze sowie der Aufbau dezentraler Strukturen sind nur einige der Konzepte, die die aktuellen Entwicklungsrichtungen kennzeichnen. Erfreulich ist der Trend, immer mehr den Menschen in den Mittelpunkt der Arbeitsgestaltung zu stellen - die traditionell eher technokratisch akzentuierten Ansätze weichen einer stärkeren Human- und Organisationsorientierung. Qualifizierungsprogramme, Training und andere Formen der Mitarbeiterentwicklung gewinnen als Differenzierungsmerkmal und als Zukunftsinvestition in *Human Recources* an strategischer Bedeutung.

Von wissenschaftlicher Seite muß dieses Bemühen durch die Entwicklung von Methoden und Vorgehensweisen zur systematischen Analyse und Verbesserung des Systems Produktionsbetrieb einschließlich der erforderlichen Dienstleistungsfunktionen unterstützt werden. Die Ingenieure sind hier gefordert, in enger Zusammenarbeit mit anderen Disziplinen, z.B. der Informatik, der Wirtschaftswissenschaften und der Arbeitswissenschaft, Lösungen zu erarbeiten, die den veränderten Randbedingungen Rechnung tragen.

Die von den Herausgebern geleiteten Institute, das

- Institut für Industrielle Fertigung und Fabrikbetrieb der Universität Stuttgart (IFF),
- Institut für Arbeitswissenschaft und Technologiemanagement (IAT)
- Fraunhofer-Institut für Produktionstechnik und Automatisierung (IPA),
- Fraunhofer-Institut für Arbeitswirtschaft und Organisation (IAO)

arbeiten in grundlegender und angewandter Forschung intensiv an den oben aufgezeigten Entwicklungen mit. Die Ausstattung der Labors und die Qualifikation der Mitarbeiter haben bereits in der Vergangenheit zu Forschungsergebnissen geführt, die für die Praxis von großem Wert waren. Zur Umsetzung gewonnener Erkenntnisse wird die Schriftenreihe "IPA-IAO - Forschung und Praxis" herausgegeben. Der vorliegende Band setzt diese Reihe fort. Eine Übersicht über bisher erschienene Titel wird am Schluß dieses Buches gegeben.

Dem Verfasser sei für die geleistete Arbeit gedankt, dem Springer-Verlag für die Aufnahme dieser Schriftenreihe in seine Angebotspalette und der Druckerei für saubere und zügige Ausführung. Möge das Buch von der Fachwelt gut aufgenommen werden.

H.J. Warnecke H.-J. Bullinger

Vorwort

Die vorliegende Arbeit entstand während meiner Tätigkeit als Mitarbeiter der Fa. Prantner, Verfahrenstechnik GmbH, Reutlingen, und des Fraunhofer-Instituts für Arbeitswirtschaft und Organisation (IAO), Stuttgart, im Rahmen der BMFT-Fördermaßnahme „Forschungskooperation zwischen Industrie und Wissenschaft", sowie als freier Mitarbeiter am IAO, Stuttgart.

Meinen besonderen Dank gilt Herrn Prof. Dr.-Ing. habil. Prof. E.h. Dr. h.c. Hans-Jörg Bullinger für seine großzügige Förderung, die entscheidend zur erfolgreichen Durchführung der Arbeit beigetragen hat.

Herrn Prof. Dr.-Ing. G. Lechner danke ich für die Übernahme des Koreferates und für seine zahlreichen wertvollen Hinweise, die sich daraus ergaben.

Mein Dank gilt auch Herrn Dr.-Ing. Joachim Warschat, der durch viele kritische Anregungen und stete Diskussionsbereitschaft einen wesentlichen Beitrag zu dieser Arbeit geleistet hat.

Meinen besonderen Dank möchte ich Herrn Dr.-Ing. Ralph Richter aussprechen, der mir als Ansprechpartner aus der Industrie relevante Hinweise auf die Praktikabilität meiner Arbeit gab.

Darüber hinaus möchte ich allen Kollegen des IAO und den zahlreichen Studenten für ihre stete Hilfsbereitschaft, Unterstützung sowie ausgezeichnete Zusammenarbeit danken. Insbesondere möchte ich hier Herrn Dipl.-Ing. Jürgen Matthes sowie Frau cand.-inform. Eva Neuwirth, Herrn cand.-inform. Jürgen Braun und Frau cand.-inform. Marlis Krauter hervorheben.

INHALTSVERZEICHNIS

1 Einleitung

1.1 Verbesserungspotentiale bei der Produktentwicklung

Die Art und die Geschwindigkeit der Technologieentwicklung üben auf die Unternehmen im Zeitalter wirtschaftlicher Liberalisierung und kürzer werdender Produktlebenszyklen einen großen Innovationsdruck aus. Es wird daher eine Erhöhung der Flexibilität von Unternehmensstrukturen und eine Verkürzung der Produktentwicklungszeit bei gleichzeitiger Qualitätsverbesserung und Kostenreduzierung gefordert [BULL92]. Die Umsetzung dieser strategischen Ziele stellt für die Unternehmen im internationalen Wettbewerbsumfeld eine große Herausforderung dar.
Die Identifikation von relevanten Erfolgsfaktoren für das Unternehmen ist von existentieller Bedeutung. Die auf der Automatisierung basierenden traditionellen Rationalisierungspotentiale sind nahezu erschöpft [ABRA93]. Infolgedessen gilt es, neue Rationalisierungsquellen zu erschließen, die sich für die langfristige Sicherung der Unternehmensexistenz bzw. zum Erhalt von Wettbewerbsvorteilen eignen. Ein Vergleich von Verbesserungspotentialen bei der Produktentwicklung, die verschiedene Autoren [BULL95, EVER95, EVE95, GRA94, KRA95, SCHE94, WIL93] in ihren Beiträgen beschreiben, führt zu folgendem Ergebnis:

1.1.1 Einführung von multifunktionalen Teams für die Produktentwicklung

Multifunktionale Teams setzen sich aus kompetenten Vertretern verschiedener Unternehmensbereiche zusammen [BUNE93] und haben die Aufgabe, Vorgaben der Konstruktion und Entwicklung aus ihren jeweils spezifischen Blickwinkeln zu analysieren [RICHT91]. Als Ergebnis werden Vereinbarungen für die weitere Detaillierung des Produktes getroffen. Diese Teams sind temporär in Form von Projektgruppen organisiert. Ziel ist die Minimierung des Änderungs- oder Konfliktrisikos bei der weiteren Produktrealisierung [EVER89]. Die Leistungsfähigkeit der multifunktionalen Teams ist von verschiedenen Faktoren abhängig. Neben dem Kommunikationsverhalten entscheiden Kreativität, Intuition und Erfahrung der Teammitglieder sowie ihre Informationsversorgung über den Erfolg ihrer Arbeit. Die Verfügbarkeit aktueller Produkt-, Produktions- und Projektinformationen sichert die effiziente Leistungserstellung. Aufgrund der Informationsmenge wird die Speicherung und Bereitstellung dieser Informationen zweckmäßiger Weise von Rechnersystemen übernommen.

Eine umfassende Unterstützung der Zusammenarbeit in Teams kann durch kommerziell verfügbare Systeme aber nur schwer realisiert werden. Die Defizite liegen in der Beherrschung der Informationskomplexität, in der Berücksichtigung dynamischer Aspekte sowie in der Unterstützung kooperativer Arbeitsformen durch die Systeme.

1.1.2 Kontinuierliche Verbesserung der Kommunikation mit den Kunden

Das Kundenverhalten befindet sich im Wandel. Die Kunden fordern von den Unternehmen eine kundengerechte Produktentwicklung hinsichtlich "time-to-market", Technologie, Funktion, Qualität und Preis [WIL92]. Die Unternehmen reagieren mit Maßnahmen, die den Kunden stärker in ihre Prozesse mit einbeziehen. Durch eine derartig verbesserte Kommunikation mit dem Kunden wird das Risiko einer Fehlentwicklung minimiert [HAMM94].

Für die Unternehmen entstehen durch die individuellen Kundenwünsche eine zunehmende Typen- und Variantenvielfalt ihrer Produkte. Durch die stark vernetzten Strukturen von Informationen und den bislang fehlenden Hilfsmitteln zur Reduktion der Komplexität, werden nicht überschaubare Kosten ausgelöst [MCKIN93].

Die Beherrschung der Komplexität in Entwicklung und Konstruktion (E&K) basiert auf der Kontrolle von Versionen und Varianten eines Produktes bzw. seiner produktbeschreibenden Informationen sowie der Kontrolle von semantischen Beziehungen zwischen verschiedenen Objekten.

1.1.3 Frühe Einbeziehung von Zulieferern

Durch eine möglichst frühe Einbeziehung von Zulieferer in die Innovations- und Wertschöpfungsprozesse des Unternehmens werden die gemeinsamen Leistungsprozesse weitgehend gefestigt [BULL93]. Die intensive Kommunikation und der Informationsaustausch zwischen den beteiligten Unternehmen gewährleisten eine hohe Planungsstabilität, eine hohe Qualität der Produkte bei gleichzeitig geringeren Produktkosten [SECK88], [SEIF90].

Für die Realisierung dieser Zusammenarbeit wird eine unternehmensübergreifende DV-Infrastruktur benötigt. Derzeit werden zwischen den Unternehmen Standards für den Produktdaten-, den Dokumenten- und den Nachrichtenaustausch vereinbart. Dieser Informationsaustausch ist mit Verlusten behaftet. Moderne Systemlösungen dienen den beteiligten Personen als integrierte Kommunikations- und Informationsplattform. Die Systeme verwalten sämtliche produktspezifischen Daten und berücksichtigen zusätzlich die Prozesse eines Unternehmens. Ein Nachteil dieser Systeme ist die mangelnde Berücksichtigung der Ergebnisse zur Produkt- und Prozeßmodellierung nach STEP (ISO 10303 TC 184/SC4 Standard for the Exchange of Product Model Data).

1.1.4 Gleichzeitige Harmonisierung von Produktentwicklungs- und Produktionsprozessen

Die konstruktive Auslegung eines Produktes beeinflußt Fertigungs- und Montageprozesse. In [GAIR81], [BRACH89] und [RICHT91] werden Ansätze aufgezeigt, die eine Harmonisierung zwischen produktionstechnischen Randbedingungen und der konstruktiven Gestaltung des Produktes ermöglichen. Eine Optimierung dieser Ansätze wird durch die simultane Gestaltung von Produkt- und Produktionsprozessen erzielt [EVER89], [EVER95]. Berücksichtigt man die oftmals örtliche Verteilung der beteiligten Personen, so verlangt eine kooperative Zusammenarbeit nach systemtechnischer Unterstützung.

Konventionelle Systeme in E&K beschränken sich auf einfache Kommunikationsfunktionen wie Mailing und der Steuerungen von sequentiellen und parallelen Abläufen. Synchrone Verfahren, wie sie im obigen Fall erforderlich sind, werden nicht unterstützt.

1.1.5 Dokumentation und Verarbeitung von Erfahrungswissen

Die Basis einer kontinuierlichen Verbesserung an Produkt und Prozeß setzt die Dokumentation und Verarbeitung von Erfahrungswissen der beteiligten Personen voraus [GRA94]. Der nutzbare Anteil des Erfahrungswissens kann als strukturierte Vorgehensweisen zur Lösungsfindung beschrieben werden. Diese Methoden finden verstärkt in E&K-Prozessen ihren Einsatz. Die Erfassung der eingesetzten Methoden in der Produktentwicklung ermöglicht die Nachvollziehbarkeit von Ergebnissen [FISC93]. Bestehende Systemlösungen in E&K vernachlässigen diese Zuordnung von Produktdaten und den eingesetzten Methoden.

Die Umsetzung obiger Verbesserungspotentiale beruht auf der Kommunikation und Interaktion zwischen den Beteiligten sowie der Verwaltung, Bereitstellung und Verarbeitung von Informationen. **E**ngineering **D**ata **M**anagement **S**ysteme (vgl. Begriffsdefinitionen in Kapitel 1.2) leisten hierzu in der betrieblichen Praxis verstärkt ihren Beitrag. Für die Unterstützung von teamorientierten Organisationen in E&K durch EDMS lassen sich folgende Defizite feststellen:

- Der Aufbau der Datenmodelle in EDMS orientiert sich nicht oder nur beschränkt an den Standardisierungsergebnissen von STEP.
- EDM-Systeme können die Komplexität einer Produktlogik, d.h. Abhängigkeiten zwischen Komponenten, nicht ausreichend abbilden.
- EDM-Systeme besitzen nur einfache Prozeßmodellierungsfunktionen, die auf Prozesse im Unternehmen beschränkt bleiben.
- Die Modellierung von dynamischen Teamstrukturen ist in EDM-Systemen nur mit hohem Aufwand möglich.
- EDM-Systeme unterstützen nicht die synchrone Bearbeitung von Daten durch mehrere Teammitglieder.
- In EDM-Systemen erfolgt standardmäßig keine Berücksichtigung von Methoden im Unternehmen und deren Zuordnung zum Produktentwicklungsprozeß.

1.2 Begriffsdefinitionen

Im diesem Kapitel werden Begriffe aus dem EDMS-Umfeld definiert. Die begrifflichen Abgrenzungen beziehen sich auf den Konstruktionsprozeß nach [VDI2222] mit seinen Hauptphasen: Klären der Aufgabenstellung, Konzipieren, Entwerfen und Ausarbeiten.

Den Kurzbeschreibungen der einzelnen **Phasen** folgen jeweils Systemanforderungen an die rechnergestützte Verwaltung der Daten in E&K. Die anschließenden *Begriffsdefinitionen* werden diesen Darstellungen zugeordnet.

In der Phase **"Klärung der Aufgabenstellung"** werden Informationen über die Anforderungen an die zu entwickelnde Lösung, über bestehende Randbedingungen und deren Bedeutung zusammengestellt. Diese Informationen führen zu einer Anforderungsliste (Lasten-, Pflichtenheft), die meist in der Sprache des Kunden gehalten ist. Ziele und Bedingungen werden in Form von Forderungen und Wunschkriterien formuliert. Quantitative und qualitative Angaben, wie Stückzahlen und Toleranzen, vervollständigen die Anforderungsliste.

Ein rechnergestütztes Hilfsmittel kann die Beteiligten in dieser Phase mit der Bereitstellung von Dokumenten wie Checklisten, Vorlagen oder Beschreibungen unterstützen. Die Grundanforderungen an ein System lauten:

- Verwaltung (Anlegen, Ändern, Löschen, Speichern) von verschiedenen Dokumentenarten, wie Textdokumente, (inter-)nationale Normen, CAD-Zeichnungen, aber auch Papierarchive und Mikrofiche,
- Bereitstellung von effektiven Suchmechanismen auf Dokumente durch beschreibende organisatorische Attribute oder inhaltsbezogene Angaben,
- Generierung von Reports und Listen durch systeminterne Auswertungsfunktionen.

Diese funktionellen Eigenschaften werden unter dem Begriff *Dokumentenverwaltung* zusammengefaßt. *Dateiorientierte Dokumentenverwaltungssysteme* präsentieren dem Benutzer Minimalbeschreibungen von Dokumenten wie Name und Erstellungsdatum etc. und verfügen über Minimalfunktionalitäten wie "löschen" und "kopieren". Das Anlegen und Ändern der Dokumente erfolgt durch spezifische Anwenderprogramme. *Datenbankgestützte Dokumentenverwaltungssysteme* basieren auf einem *Datenmodell* für Dokumente innerhalb einer Datenbank [KÜHN95]. *Datenmodelle* haben die Aufgabe, die für den Anwendungsbereich relevante Informationsmenge zu strukturieren und rechnerintern abzubilden [RICHT91]. Durch die Erweiterbarkeit und Anpassbarkeit des Datenmodells ist bei diesen Systemen ein hoher Funktionsumfang gewährleistet.

In der Phase des "**Konzipierens**" wird die Gesamtfunktion der Lösung in erkennbare Teilfunktionen zerlegt. Diese Zerlegung erfolgt lösungsneutral unter Bezug auf den Energie-, Stoff- und Signalumsatz. Den Funktionseinheiten werden verschiedene geeignete physikalische Lösungsprinzipien zugeordnet. Um die Verträglichkeit dieser Prinzipien zu gewährleisten, werden Lösungsprinzip-Kombinationen anhand der Funktionsstruktur durchgeführt. Anschließende Evaluierungsverfahren bestimmen die relevanten Lösungskonzeptvarianten.

Die Phase "Konzipieren" stellt einen Teilprozeß im Produktentstehungsprozeß dar. Sie besteht aus einer iterativen Verknüpfung von Vorgängen wie der Bearbeitung und Bewertung von Informationen durch die beteiligten Personen in E&K. Um eine komplexe Aufgabenstellung effektiv und effizient zu lösen, ist eine zielgerichtete Ablauflogik der Vorgänge erforderlich [ZELM90]. Hieraus resultieren folgende zusätzliche Anforderungen an eine Systemunterstützung der beteiligten Personen, wie die

- Abbildung von Prozessen mit Vorgängen und Informationsobjekten,
- Erfassung der Zustände der Informationsobjekte,
- Bereitstellung von möglichst standardisierten Datenmodellen,
- Abbildung von involvierten Personen und Zuordnung in temporäre Organisationsstrukturen wie Projektteams,
- Definition von Privilegien für die beteiligten Personen.

Systeme, die neben Dokumenten auch Informationen über Produkte, Prozesse und Benutzer verwalten, werden als *Produktdatenverwaltungsysteme* (PDVS), in der englischen Literatur als *Product-Data-Management-System* (PDMS) bezeichnet [MILL95], [LISS95].

Ausgehend vom Konzept zur Gestaltung nach technischen und wirtschaftlichen Gesichtspunkten erfolgt in der Phase "**Entwerfen**" die Konkretisierung eines technischen Produktes. Die Ausarbeitung zur Fertigungsreife kann somit erfolgen [DUBB87]. Die Strukturierung des Produkts in Baugruppen und Einzelteile sowie deren Verbindungen werden eindeutig festgelegt. Darüber hinaus werden die geometrische Dimensionierung und die werkstoffbestimmenden Angaben der Komponenten festgelegt.

An ein rechnergestütztes Hilfsmittel für die Beteiligten in dieser Phase sind funktionelle Anforderungen zu stellen, wie die

- Kopplung bzw. Integration von datenerzeugenden Systemen wie CAD oder Textverarbeitung zum Verwaltungssystem,
- Eingabe- und Ausgabefunktionen wie Scannen, Visualisieren und Drucken,
- Definition von Objektstrukturen innerhalb der Informationsklassen wie Produkt, Dokument, Personen und Prozesse,
- Definition von Objektvarianten,
- Verwaltung von Objektversionen,
- Abbildung von semantischen Beziehungen (*Referenzierung*) innerhalb von und zwischen Informationsklassen.

Ein PDV-System ist als Informations- und Integrationsplattform zu verstehen. Zu den Erzeugersystemen wie CAD, existieren definierte Schnittstellen. Neben rein organisatorischen Daten (*Metadaten*) der erzeugten Objekte sind Strukturen von und Referenzen zwischen Objekten relevante Schnittstelleninformationen. In Abhängigkeit der Qualität dieser Schnittstellen steht der Aufwand der manuellen Nachbereitung der Informationen im PDV-System. Veränderungen an Strukturen und Referenzen, sowie an organisatorischen Daten eines Objektes werden im PDV-System in Form von Versionen erfaßt. Eine Auswertung von Objektversionen führt zur *Objekthistorie*.

In den kreativen Phasen "Konzipieren" und "entwerfen" werden Lösungen meist in Projektteams erarbeitet. Bei örtlich verteilten Teams müssen PDV-Systeme Funktionen bereitstellen, die die verschiedenen Formen der Zusammenarbeit im Team unterstützen und einen schnellen Informationsabgleich zwischen den Teammitgliedern ermöglichen. Diese sind:

- Integrierte Funktionen für das Versenden von (Text-) Nachrichten, (später Audio und Video) zur freien Kommunikation zwischen den Teammitgliedern,
- Bereitstellung von *Konferenzmechanismen* für die synchrone Bearbeitung von Daten, bzw. gemeinsame Darstellung von Objekten an den Bildschirmen.

Derzeitige PDV-Systeme verfügen nicht über Konferenzmechanismen.

Die Phase **"Ausarbeiten"** detailliert die Grobgestaltung aller Einzelteile in Form, Bemessung und Oberflächenbeschaffenheit. Werkstoffe und Toleranzen werden festgelegt. Nach Berücksichtigung von Normen und Überprüfung der Herstellbarkeit werden verbindliche Fertigungsunterlagen (Zeichnungen, Ansichten, Stücklisten) erarbeitet. Desweiteren können zusätzlich Vorschriften für Fertigung und Montage erstellt werden. Eine abschließende Kontrolle der Unterlagen auf Richtigkeit und Vollständigkeit beendet diese Phase.

In der betrieblichen Praxis sind die Entwickler und Konstrukteure meist mehreren Projekten gleichzeitig zugeordnet. Unterschiedliche Aufgaben prägen ihre individuelle Rolle in den Projekten. So kann ein Konstrukteur in einem Projekt z.B. für die Detaillierung der Einzelteile samt Werkstoffe verantwortlich sein, während er sich in einem anderen Projekt auf die Kontrolle der Fertigungsunterlagen konzentriert. Dies erfordert von einem PDV-System in E&K:

- ein Benutzerkonzept, das eine Trennung von Benutzer und "Rollen" im Prozeß oder Projekt vorsieht (z.B. x ist Projektleiter),
- Sicherheitsmechanismen, die sich dynamisch über den Prozeß- oder Projektverlauf gemäß den Rollen anpassen, (z.B. Zugriffe auf Funktionen, Daten),
- die Abbildung von Zeit- und Datumswerten,
- die transparente Darstellung der Prozesse (Projekte) und Teams, in denen Mitarbeiter eingebunden ist.

Verschiedene Autoren verwenden für derart leistungsstarke Produktdatenverwaltungssysteme den Begriff "*Engineering-Data-Management-System*" (EDMS) [BULL93], [SEYF93], [ABRA93], [FRIE94]. *EDM-Systeme* verfolgen das Konzept einer integrierten Datenbank. Ziel ist es, eine für alle CAx-Systeme (Computer Aided Applikationen) gemeinsam nutzbare Datenbank zum Aufbau, Austausch und zur Weiterverarbeitung aller Daten einer Produktbeschreibung (Engineering Daten) zu realisieren [EIHI91]. Als Engineering Daten werden alle Daten bezeichnet, die im Verlauf des Produktentstehungsprozesses benutzt oder erzeugt und für die Weiterverarbeitung gespeichert werden [STAR92], [FRIED94]. Die Voraussetzung zur Integration verschiedener CAx-Systeme ist die systemtechnische Unabhängigkeit von EDM-Systemen in heterogenen Hardwarelandschaften und Betriebsystemen [FISCH93].

1.3 Zielsetzung und Aufbau der Arbeit

In der vorliegenden Arbeit werden Partialmodelle für ein objektorientiertes EDM-System-(ooEDMS) zur Unterstützung teamorientierter Organisationsformen in E&K erarbeitet und prototypisch implementiert. Folgende Punkte zeigen die Erweiterungen zu bereits bestehenden Lösungsansätzen auf:

- Die ooEDMS-Partialmodelle der Informationsobjekte (Produkt und Dokument) werden an den relevanten internationalen Standards ausgerichtet. Das Partialmodell "Produkt" berücksichtigt die Normen der STEP- Arbeitsgruppe ISO 10303 TC 184 / SC4. Im Dokumentenbereich ist der SGML-Standard (Standard Graphic Markup Language) für die Datenmodellierung zu beachten. Bereits bestehende Vorgaben für Produkt- und Dokumentenmodelle werden wesentlich erweitert.
- Eine Erweiterung der Varianten- und Versionsverwaltung von Objekten erlaubt die Abbildung von Objektlogiken, d.h. sie berücksichtigt die Wechselwirkung zwischen verschiedenen Objekten in einer Objektstruktur (z.B. die Abhängigkeit zwischen Baugruppen in einer Erzeugnisstruktur). Für die Objekte können Varianten mit unterschiedlichen Versionen bestimmt sowie Abhängigkeiten zwischen diesen Objekten abgebildet werden.
- Durch das Partialmodell "Methoden" ist die Erfassung von Vorgehensweisen zur Lösungsfindung in der Produktentwicklung möglich; d.h. neben den Informationsobjekten "Produkt" und "Dokument" arbeiten die Mitarbeiter in E&K mit bestimmten "Methoden", um ein Ergebnis zu erzielen (z.B. Methode der Finiten Elemente zur geometrischen Dimensionierung von Bauteilen).
- Ein weiteres Ziel ist die Abbildung von dynamischen Organisationsstrukturen. Das Partialmodell "Teams" basiert ebenfalls auf bestehenden Ansätzen der STEP-Norm. Das erweiterte Modell berücksichtigt die Modellierung der Teamdynamik

und führt u.a. eine "Versionierung" der Organisationsstrukturen sowie die Modellierung von Weisungsbefugnissen zwischen Rollen bzw. beteiligten Personen ein.

- Die obigen Objekte werden über betriebliche Leistungsprozesse miteinander verknüpft. Dies wird durch das Konzept einer hierarchischen Prozeßmodellierung mit Rückkopplungselementen erreicht. Das Partialmodell "Geschäftsprozesse" wird eingeführt, mit STEP-Vorgaben abgestimmt und wesentlich erweitert.
- Die verschiedenen Arten der Zusammenarbeit zwischen den Beteiligten stellen hohe Anforderungen an die "Kooperationsfähigkeit" eines EDMS. In der vorliegenden Arbeit werden die Aspekte des kooperativen Arbeitens im Bereich von synchronen Konferenzen berücksichtigt.
- Die prototypische Realisierung basiert auf objektorientierten Systemen, wie der Datenbank "ObjectStore" und der Programmiersprache C++.

Der Aufbau der Arbeit ist in Bild 1 dargestellt:

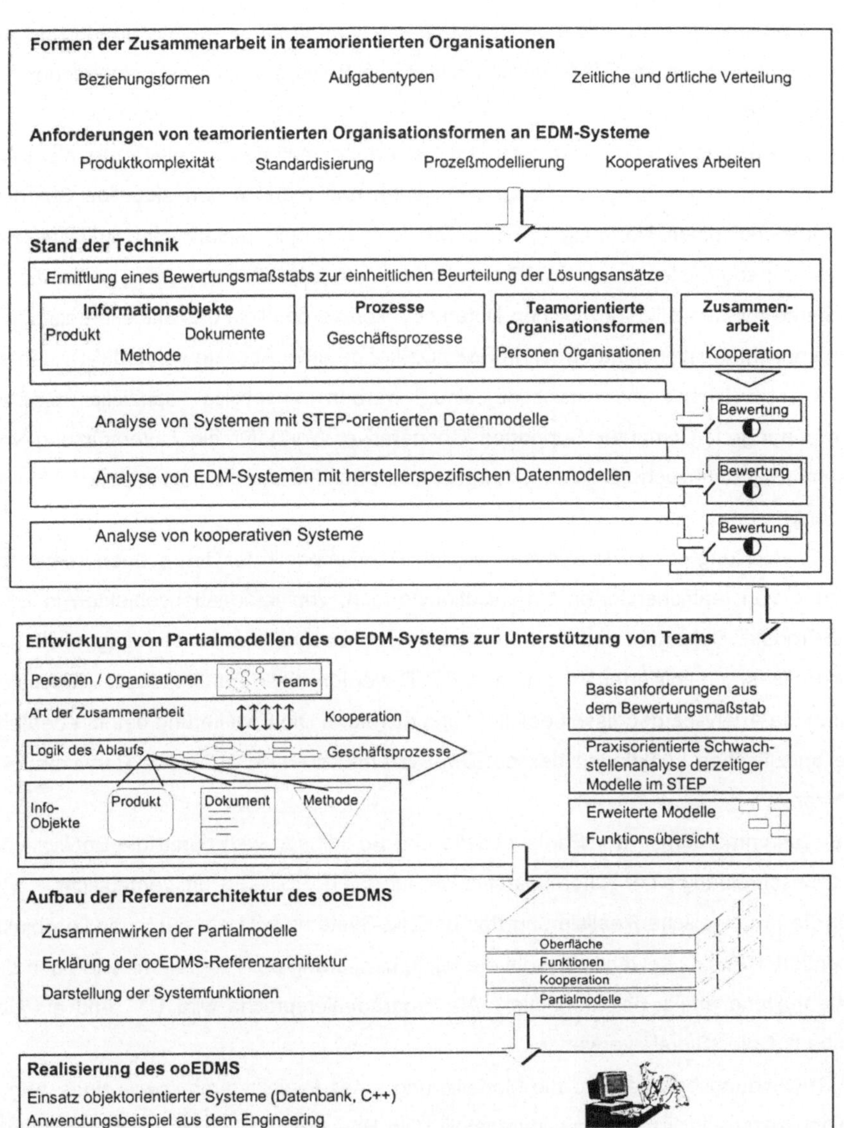

Bild 1: Aufbau der Arbeit

Die Ermittlung der Zusammenarbeit in teamorientierten Organisationsformen und deren Anforderungen an EDM-Systeme bilden die Basis zur Analyse bestehender Lösungsansätze.

Hierfür wird aus den Anforderungen ein Bewertungsmaßstab abgeleitet. Er dient der einheitlichen Beurteilung von Lösungsansätzen und markiert den aktuellen Stand in der internationalen Normung (STEP). Die Untersuchung umfaßt eine kritische Betrachtung von Systemen mit STEP-orientierten Datenmodellen. Die Analyse von EDM-Systeme mit herstellerspezifischen Datenmodellen verdeutlicht das aktuelle Leistungsprofil der Informationsplattformen in E&K. Da kooperative Aspekte von EDM-Systemen nicht ausreichend berücksichtigt sind, werden zusätzlich spezielle CSCW-Anwendungen (Computer Supported Cooperative Work) für die Unterstützung von Teamarbeit untersucht. Die Analyseergebnisse beeinflussen die nachfolgende Modellbildung.

Zur Entwicklung des EDM-Systems werden Partialmodelle für die rechnerinterne Abbildung von teamorientierten Organisationsformen, von Informationsobjekten in E&K wie Produkt, Dokument und Methoden sowie von Geschäftsprozessen aufgestellt. Auf der Basis standardisierter Vorgaben in STEP werden diese Partialmodelle wesentlich durch die Analyseergebnisse beeinflußt und erweitert. Die Erweiterung betrifft ebenfalls die spezifischen Funktionen des ooEDM-Systems, die sich auf diese Partialmodelle stützen.

Das Zusammenwirken der Partialmodelle und Funktionen wird durch die Entwicklung und Beschreibung einer Referenzarchitektur für das ooEDM-System verdeutlicht.

Für die prototypische Realisierung des ooEDM-Systems wird ein durchgängig objektorientierter Ansatz gewählt. Sowohl die Implementierung der Programme wie auch die Datenhaltung erfolgt objektorientiert. Als Programmiersprache wird C^{++} und als Datenbank ObjectStore© verwendet.

Im Anwendungsbeispiel wird die Modellierung eines Projektteams sowie eines Angebotsprozesses im Anlagenbau dargestellt. Die Beschreibung eines Konferenzablaufs verdeutlicht die Unterstützung kooperativer E&K-Arbeiten durch das ooEDMS.

2 Teamorientierte Organisationsformen

Ziel dieses Kapitels ist die Ermittlung von Anforderungen an EDM-Systeme zur Unterstützung der Zusammenarbeit in teamorientierten Organisationsformen. Diese Anforderungen dienen zum Aufbau eines Bewertungsmaßstabes für den Stand der Technik im darauffolgenden Kapitel.

Hierfür wird zunächst die Zusammenarbeit in teamorientierten Organisationsformen betrachtet. Dabei stehen nicht die vielfältigen Ausprägungen von Teamstrukturen im Vordergrund (vgl. [GRO82], [GOM92], [MET93]), sondern die Charakterisierung der Zusammenarbeit in Teams.

2.1 Die Charakterisierung der Zusammenarbeit in Teams

Die Zusammenarbeit in Teams ist geprägt durch die Art und Weise, wie die Teammitglieder miteinander in Beziehung stehen [MACR90], welche Aufgabentypen gemeinsam zu lösen sind [MCGR84] und letztlich wann bzw. wo sich die Teammitglieder zur gemeinsamen Aufgabenbearbeitung aufhalten [JOHA88].

2.1.1 Prinzipielle Beziehungsformen zwischen Teammitgliedern

Die prinzipielle Ausprägungen von Beziehungsformen zwischen Teammitgliedern werden wie folgt begrifflich voneinander abgegrenzt [MACR90]:

Kommunikation

Der Informationsaustausch zwischen mindestens zwei Personen wird als interpersonale Kommunikation bezeichnet und ist die Grundvoraussetzung für jede Form von Zusammenarbeit. Wird über die Zusammenarbeit ein gemeinsamer Leistungserstellungsprozeß realisiert, so muß die Kommunikation strukturiert und zielorientiert verlaufen. Die Kommunikation basiert auf gemeinsam akzeptierten Regeln.

Interaktion

Die nächste Stufe der Zusammenarbeit wird als Interaktion bezeichnet, d.h. das aufeinander bezogene Handeln zweier oder mehrerer Personen. Die Einzelaktivitäten der Teammitglieder stehen in einer Beziehung zueinander und sind diesen bekannt. Dieses Handeln erfolgt im Falle der rechnergestützter Teamarbeit unter Benutzung vernetzter Computer als Medium [RÜDE93].

Koordination

Zur Verwaltung der Interaktion dient die Koordination. Dieser Begriff wird unterschiedlich verwendet. [MACR90] nennt beispielhaft neun Definitionen von Koordination. Im folgenden wird darunter die Zuordnung verschiedener Teilsysteme (i.d.F. von Teammitglieder) zu einer funktionierenden Gesamtheit verstanden. Die Motivation zur Zusammenarbeit erfolgt über den Koordinator, der die Teammitglieder und ihre Beziehungen zueinander festlegt, zur Zusammenarbeit anregt und diese kontrolliert. Die Teammitglieder selbst spielen bei der Zuordnung eine passive Rolle.

Die folgenden Beispiele zeigen zwei Ausprägungen von Teamstrukturen mit koordinierendem Charakter. Bild 2 zeigt ein "Chirurgisches" oder "Chefentwickler-Team" [FAIR85]. Der "Chefentwickler" entwirft das Produkt, realisiert kritische Teile selbst und fällt alle Entscheidungen, die innerhalb des Teams getroffen werden müssen.

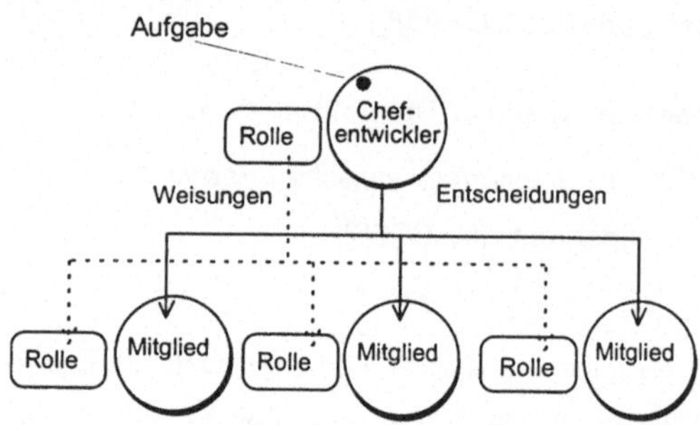

Bild 2: Aufbau eines "chirurgischen" oder "Chefentwickler-Team"

Innerhalb des Teams werden Rollen (Funktionen) fest definiert. Diese sind, mit Ausnahme der des "Chefentwicklers", hierarchisch gleichgestellt. Die gesamte Kommunikation findet über den "Chefentwickler" statt. Zwischen den anderen Rollen existiert keine aufgabenbezogene Kommunikation. Ein Stellvertreter übernimmt bei Ausfall des "Chefentwicklers" dessen Rolle. Die Vorteile dieser Teamstruktur liegen in der zentralen Entscheidungsfindung und dem geringen Kommunikationsaufwand. Die Leistungsfähigkeit des Teams wird maßgeblich durch die Person des "Chefentwicklers" beeinflußt.

Im "hierarchischen Team" ist die Kommunikation der Teammitglieder untereinander so eingeschränkt, daß nur jene miteinander kommunizieren, die im selben Team (Unterteam) eingebunden sind. Die Kommunikation der Teams mit dem Projektleiter geschieht nur durch die "Teil"-Projektleiter (vgl. Bild 3).

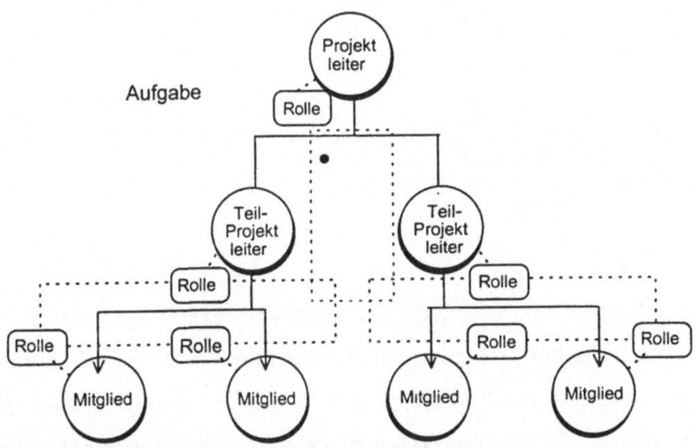

Bild 3: Aufbau eines hierarchischen Teams

Entscheidungen können gemeinsam mit den Teil-Projektleiter getroffen werden. Die Verantwortung der Aufgabe liegt jedoch allein beim Projektleiter.

Kooperation

Ordnen sich die beteiligten Teammitglieder aktiv in eine Gesamtheit ein, spricht man von Kooperation, d.h. es handelt sich dabei um eine weitgehend selbstbestimmte Aktivität des Teams. Es bedarf keiner "externen" Motivation durch einen Koordinator. Die Teammitglieder handeln mit gemeinsamer Verantwortung auf ein kollektives Ziel hin. Die Grundlage bilden selbst-koordinierte Handlungspläne und Situationsdefinitionen zur ganzheitlichen Erledigung einer Arbeitsaufgabe [FRFR93]. Eine möglichst unbehinderte Kommunikation ist dabei die Voraussetzung für die Kooperation [PIEP91]. Ein

Beispiel einer kooperativen Teamstruktur zeigt Bild 4. [FAIR85] bezeichnet diese Form als "demokratisches" oder "egoless Team".

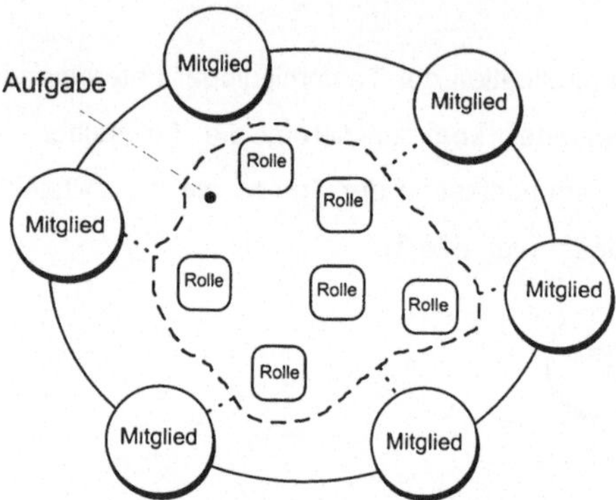

Bild 4: Aufbau eines demokratischen Teams

Innerhalb des Teams existieren keine Hierarchien und keine festen Rollen. In Absprache mit den anderen Mitgliedern, kann jedes Teammitglied eine bestimmte Rolle und die damit verbundenen Aufgaben übernehmen. Gemeinsam werden Regeln aufgestellt und Entscheidungen getroffen. Die Teammitglieder wollen voneinander lernen. Nachteil dieser Teamstruktur ist der Kommunikationsüberhang, d.h. jeder benötigt alle Informationen. Die in der Praxis anzutreffenden Ausprägungsformen setzen sich aus den obigen Grundstrukturen zusammen.

2.1.2 Unterscheidung von Aufgabentypen nach McGrath

Ein weiteres Kriterium zur Beschreibung der Zusammenarbeit in Teams ist die Mannigfaltigkeit von Aufgaben, die gemeinsam zu lösen sind.

Eine allgemeine Einteilung der in Teams zu bearbeitenden Aufgaben wird von McGrath vorgestellt [MCGR84]. Darin werden vier generelle Arten von Aufgaben unterschieden (Quadranten): Erzeugen, Auswählen, Verhandeln und Ausführen. Diese werden mit einem zweidimensionalen Gitter mit den Achsen „Konflikt - Zusammenarbeit" sowie „geistige - aktive Handlungen" überlagert. Es entstehen damit acht Typen von Aufgaben, denen in Bild 5 jeweils exemplarisch Aufgaben von E&K-Teams zugeordnet sind.

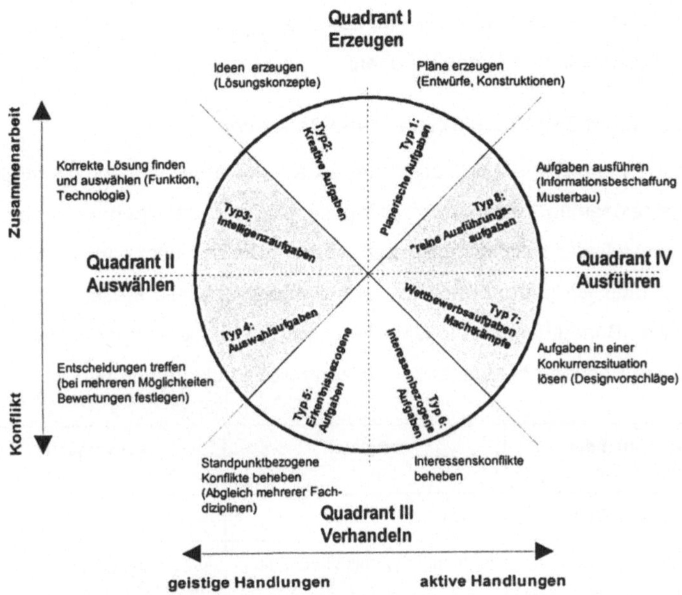

Bild 5: Kreisförmige Anordnung der in Teams zu bearbeitenden Aufgabentypen [MCGR84]

Diese Einteilung ermöglicht eine differenzierte Betrachtung der Aufgaben von E&K-Teams im Rahmen eines gemeinsamen Prozesses. Die unterschiedlichen Aufgabentypen sind informell als auch methodisch zu unterstützen. Die Bearbeitung der Aufgaben erfolgt weitgehend störungsfrei, wenn die Konsistenz von Informationen, deren verlustfreie Be- und Weiterverarbeitung, die sichere Speicherung und das schnelle Wiederfinden der Informationen über entsprechende Integrationsplattformen, wie EDMS, gewährleistet sind. Der Einsatz unterschiedlicher Hilfsmittel zur Lösung von E&K Aufgaben, wie Berechnungsprogramme, Applikationen sowie individuelle Vorgehensweisen der Teammitglieder, erhöht das Risiko von Informationsverlusten an den Schnittstellen zu nachgelagerten Aufgaben. Hier werden Standards gefordert, um die Informationsdefizite zu beschränken. Diese und weitere Anforderungen von E&K Teams an EDM-Systeme sind in Kapitel 2.2 aufgeführt.

Das folgende Kapitel beschreibt die Einflußgröße "Raum und Zeit" in der Zusammenarbeit von teamorientierten Organisationen.

2.1.3 Die "Raum-Zeit-Klassifikation" von Johansen

Die folgende "Raum-Zeit-Klassifikation" basiert auf der Arbeit von Johansen [JOHA88]. Für den gemeinsamen Leistungserstellungsprozeß wird dahingehend unterschieden, ob die Teammitglieder zeitgleich bzw. zeitversetzt sich an einem gemeinsamen Ort befinden, oder räumlich getrennt agieren (vgl. Tabelle 1). Diese Klassifizierung gewinnt zunehmend an Bedeutung, da die Unternehmen über Firmenkooperationen und ihrem internationalen Engagement verstärkt in dezentralen Strukturen arbeiten.

Anwesenheit der Teilnehmer	**zeitgleich**	**zeitversetzt**
im gleichen Raum	Synchrone Interaktion	Asynchrone Interaktion
räumlich getrennt	Synchrone verteilte Interaktion	Asynchrone verteilte Interaktion

Tabelle 1: "Raum-Zeit-Klassifikation" (vgl. [JOHA88])

Es ist zu beachten, daß eine rechnergestützte asynchrone Interaktion im gleichen Raum (asynchrone Interaktion) oder räumlich getrennt (asynchrone verteilte Interaktion) zu gleichen Ergebnissen führt, so daß diese Bereiche unter dem Gesichtspunkt auch zusammengefaßt werden können. Der Nachteil dieser klassischen Einteilung ist, daß Teamarbeit, die integriert abläuft, künstlich in Teilbereiche zerlegt wird [KRCM92]. Die nachfolgende Tabelle 2 verdeutlicht den Zusammenhang zwischen rechnergestützten Anwendungen und der "Raum-Zeit-Klassifikation". Eine detaillierte Erläuterung der einzelnen Anwendungen sind in Anhang B aufgeführt. Diese Anwendungen stellen Potentiale für die Erweiterung konventioneller EDMS dar.

<table>
<tr><th>Anwesenheit der Teilnehmer...</th><th>zeitgleich</th><th>zeitversetzt</th></tr>
<tr><td>im gleichen Raum</td><td>Synchrone Interaktion
• elektronische Konferenzräume
• Entscheidungsunterstützungs-systeme
• Intelligente Agenten</td><td rowspan="2">Asynchrone (verteilte) Interaktion
• Nachrichtensysteme
• asynchrone Mehrbenutzer-Editoren
• Formularorientierte Koordinationsunterstützung
• Kommunikationsorientierte Koordinationsunterstützung
• Konversationsorientierte Koordinationsunterstützung</td></tr>
<tr><td rowspan="2">räumlich getrennt</td><td>Synchrone verteilte Interaktion
• synchrone Mehrbenutzer-Editoren
• Echtzeit-, Video- und Desktop-konferenzen</td></tr>
<tr><td colspan="2">• Prozeßorientierte Koordinationsunterstützung</td></tr>
</table>

Tabelle 2: Zuordnung von Anwendungen in die "Raum-Zeit-Klassifikation

Die Zusammenarbeit in E&K-Teams wird durch unterschiedliche Faktoren (s.o.) beeinflußt. Einen wesentlichen Beitrag zur Sicherstellung der gemeinsamen Leistungsprozesse der Teams liefern EDM-Systeme, die verstärkt in den Unternehmen eingesetzt werden [EMI91], [STOV93], [MILL95].

Die Bewertung existierender Lösungen zur Unterstützung der E&K-Teams (vgl. Kapitel 3) setzt die Erfassung ihrer Anforderungen an EDM-Systeme voraus.

2.2 Anforderungen von Teams an EDM-Systeme

Im folgenden sind relevante Anforderungen an EDM-Systeme zur Unterstützung der Zusammenarbeit in E&K-Teams formuliert:

2.2.1 Beherrschung der Produktkomplexität

Durch die verstärkte Ausrichtung von Unternehmen an den individuellen Kundenwünschen werden speziell die Teams in E&K mit einer hohen Typen- und Variantenvielzahl ihrer Produkte konfrontiert. Die Produktkomplexität setzt sich aus der Anzahl von Komponenten, deren verschiedener Disziplinen und ihrer Wechselbeziehungen zusammen (z.B. mechatronische Bauteile). [EIG80] bezieht zusätzlich die Änderungshäufigkeit von Komponenten in diese Definition mit ein. EDM-Systeme, die die Verwaltung komplexer Informationsmengen in E&K übernehmen, benötigen aus Sicht der Teammitglieder

- transparente Beauskunftung über Produkte und Dokumente, deren Entwicklungs- bzw. Änderungsstatus sowie die verantwortlichen Personen im Team,
- leistungsstarke Navigationsmechanismen für die Informationsverknüpfungen,
- differenzierte Verwaltung von Produktvarianten und deren Abhängigkeiten,
- Mechanismen zur Versionierung bzw. Indexierung eines Objektes sowie
- interne Funktionen zur Auswertung von Assoziationen in Listen und Reports.

2.2.2 Abbildung von firmenübergreifenden Geschäftsprozessen

Die zunehmende wirtschaftliche und organisatorische Vernetzung von (inter-) nationalen Unternehmen wirkt sich direkt auf die Form der Zusammenarbeit ihrer Teams aus. Es entstehen dezentrale (verteilte) Teamstrukturen in E&K, die eine völlige Neugestaltung ihrer Leistungsprozesse erfahren [FISC93]. Derartige Organisationsformen fordern neben der Vollständigkeit, Konsistenz und Integrität von gemeinsamen Daten, die:

- Abbildung von firmenübergreifenden Prozessen mit Aktivitäten, Informationsobjekten und Operatoren (Akteuren),
- Unterstützung verschiedener Arten von Prozessen wie Projekt-, Standard- oder „ad-hoc"-Prozesse (kurzlebig, einfach) in E&K,
- transparenter Überblick über den gesamten Prozeß für die Prozeßbeteiligten,
- Erfassung von Rollen im Team, Definition der Privilegien und Benutzerzuordnung zu den Rollen, und die
- Durchführung von Änderungen am Prozeß und in der Teamzusammensetzung während der Prozeßlaufzeit.

2.2.3 Berücksichtigung von (inter-) nationalen Standards

Die Forderung an EDM-Systeme nach der Berücksichtigung von (inter-)nationalen Standards begründen E&K-Teams mit rein wirtschaftlichen Argumenten: durch die

Umsetzung von Normen ist eine effiziente Abwicklung gemeinsamer Geschäftsprozesse möglich, da Interpretationsfreiräume zwischen den Beteiligten abgeglichen sind und sich der Erklärungsbedarf bzw. die Fehlerrate minimiert [MOSP94]. Dies ermöglicht zusätzlich eine flexible Gestaltung und Einbindung neuer Strukturen bzw. Mitglieder und deren Applikationen. Gefordert wird die Berücksichtigung der Standards:

- *STEP* (Standard for the Exchange of Product Model Data). Die langfristige Zielsetzung der Arbeitsgruppe ISO 10303 TC 184/SC4 ist die formale Abbildung aller produktdefinierenden Daten aus dem gesamten Produktlebenszyklus in einem international genormten Produktmodellschema STEP. Alle produktdefinierenden Daten werden strukturiert und in separaten Partialmodellen abgelegt. Die STEP-Spezifikation trennt zwischen anwendungsunabhängigen Basismodellen (ISO10303 40´er Serie) sowie Basismodellen, die unter Berücksichtigung anwendungsbezogener Funktionen entwickelt wurden (100´er Serie). Desweiteren werden Anwendungsprotokolle spezifiziert (200´er Serie), um bestimmte Anwendungen zu unterstützen. Hierin werden die Implementierungsstrukturen des STEP-Standards festgelegt.
- *SGML* (Standard Generalized Markup Language). SGML ist eine Metasprache zur Definition der logischen (nicht der typographischen) Dokumentenstruktur, unabhängig von Layout und Präsentation. Eine solche Beschreibung wird als "Document Type Definition" (DTD) bezeichnet. Eine DTD spezifiziert eine Klasse von Dokumenten, die über die gleiche logische Struktur verfügen (z.B. Brief hat immer einen Sender und einen Empfänger). Infolge der Trennung von Struktur und Layout kann das Dokument in verschiedenen Layouts präsentiert werden, während die Struktur des Dokumentes zur Recherche verwendet werden kann. SGML wurde 1986 als ISO-Norm ISO 8879 definiert. Im Anhang A sind (inter-) nationale Normen aufgelistet, die SGML beinhalten.
- *CALS* (Computer-aided Acquisition and Logistics Support). CALS ist eine Integrationsstrategie für Prozesse und Informationen und verfolgt das Ziel, Standards für die Speicherung, Verwaltung und den Austausch von beliebigen Dokumenten in

digitaler Form festzulegen. Dabei soll eine Verbesserung der Abläufe bei der Entwicklung, Produktion und logistischen Funktionen erreicht werden. CALS erstreckt sich über den gesamten Lebensweg eines Produktes und berücksichtigt alle Beziehungen zwischen Auftraggeber und -nehmer [MÄU93]. Im Anhang A befindet sich eine Auflistung relevanter CALS-Standards.

Die Integrationsfähigkeit von EDM-Systemen zu CAx-Systemen, wie CAD, CAP, etc., ist von den obigen Standards sowie dem Grad ihrer Berücksichtigung bei der Systementwicklung abhängig. Die Datenmodelle der Systeme müssen sich an den Standards ausrichten. Um eine weitgehende Unabhängigkeit von den heterogenen Betriebssystemen und Rechnertypen zu erzielen, werden offene EDM-Konzeptionen von E&K-Teams gefordert (Portabilität). Diese Systeme müssen verstärkt auf standardisierten Implementierungssprachen und Datenbanken aufbauen.

2.2.4 Unterstützung kooperativer Arbeitsformen der Teams

Wie bereits oben beschrieben, unterscheidet [JOHA88] bei der Zusammenarbeit in Teams, ob sich die Teammitglieder zeitgleich bzw. zeitversetzt an einem gemeinsamen Ort befinden, oder räumlich getrennt agieren. E&K-Teams fordern eine Unterstützung aller Ausprägungen dieser Arbeitsformen [SEYF93]. Für EDM-Systeme gilt, folgende kooperativen Ansätze (Computer Supported Cooperative Work) in der Zukunft stärker zu berücksichtigen:

- Bereitstellung von Kommunikationsmittel für die unstrukturierte Kommunikation zwischen den Teammitgliedern
- Abbildung von Geschäftsprozessen für die Koordination zeitlich versetzter Aktionen
- bei einer synchronen Zusammenarbeit zwischen verschiedenen Teammitgliedern ist die gleichzeitige Präsenz aller Teilnehmer in der Form einer "elektronischen Konferenz" erforderlich
- für die Konferenzteilnehmer muß der Gruppenkontext ersichtlich sein

- gleichzeitige Manipulationen am selben Objekt durch mehrere Teilnehmer bedingen eine Verfeinerung des Objektbegriffs sowie die Beherrschung von Konfliktlösungsstrategien beim Zurückschreiben der geänderten Daten

Zur Strukturierung und rechnerinternen Abbildung der relevanten Informationsmengen gemäß den obigen Anforderungen werden Partialmodelle im ooEDMS benötigt. Zur Unterstützung teamorientierter Organisationsformen in E&K ergeben sich folgende wesentlichen ooEDMS-Partialmodelle:

- die Partialmodelle für die Informationsobjekte in E&K, wie Produkte, Dokumente und Methoden,
- das Partialmodell für die Abbildung von dynamischen Teamstrukturen in E&K,
- das Partialmodell für die Modellierung von Geschäftsprozessen sowie
- das Partialmodell für die Unterstützung von kooperativen Arbeiten in E&K.

Diese Partialmodelle sind an den Ergebnissen der STEP-Entwicklung auszurichten.

3 Stand der Technik

Eine optimale Unterstützung von teamorientierten Organisationsformen in E&K durch EDM-Systeme basiert auf:

- der Abbildung und Verarbeitung von relevanten Informationsmengen des Gegenstandbereichs E&K wie Produkte und Dokumente,
- der Modellierung von Methoden zur Produktentwicklung, d.h. Beschreibungen von Vorgehensweisen zur Lösungsfindung, bzw. von Hilfsprogrammen wie Finite-Elemente-Berechnung,
- der Erfassung von Benutzern und der Abbildung dynamischer Teamstrukturen, d.h. Veränderungen in der Teamzusammensetzung, bzw. in den Rollenprofilen des Teams entlang eines gemeinsamen Leistungserstellungsprozesses,
- der dynamischen Modellierung von Geschäftsprozessen, die zur Laufzeit eines Prozesses von berechtigten Personen bei Bedarf angepaßt werden kann,
- der Abbildung von beliebigen Assoziationen zwischen den genannten Objekten sowie auf
- der Bereitstellung von Verfahren, die die unterschiedlichen Formen kooperativer Zusammenarbeit im Team ermöglichen.

In diesem Kapitel wird die Eignung von bestehenden Lösungsansätzen zur Unterstützung von teamorientierten Organisationsformen in E&K überprüft. Der Untersuchungsbereich umfaßt die Analyse von Systemen mit STEP-orientierten Datenmodellen, eine kritische Betrachtung von EDM-Systemen, die vorwiegend auf herstellerspezifischen Datenmodellen basieren, sowie die Darstellung der Leistungsfähigkeit von CSCW-Anwendungen.

3.1 Bewertung von Systemen zur Unterstützung von teamorientierten Organisationsformen

Für die Analyse der Systeme wird der nachfolgende Bewertungsmaßstab festgelegt, der eine einheitliche Beurteilung der Lösungsansätze erlaubt.

3.1.1 Vorgehensweise zur Ermittlung des Bewertungsmaßstabs

Die Normierungsergebnisse von STEP-ISO 10303 TC184 sowie die vorab beschriebenen Anforderungen teamorientierter Organisationsformen an EDM-Systeme bilden die Grundlage zur Festlegung des Bewertungsmaßstabs.
Dieser Maßstab setzt sich aus separaten Partialmodellen für Produkte, Dokumente, Methoden, Geschäftsprozesse, Teams, Assoziation und Kooperation zusammen.
Hierzu werden aus STEP Part 41 (*Fundamentals of Product Description and Support*), aus Part 44 (*Product Structure Configuration*), aus Part 49 (*Process Structure, Property and Representation*) sowie aus den Applikationsprotokollen AP203 (*Configuration Controlled Design*) und AP214 (*Core data for automotive design process*) Basisanforderungen an die Partialmodelle des Bewertungsmaßstabs abgeleitet [STEP41,-44,-49,-203,-214]. Sie bilden die Referenz, an der die Systeme verglichen werden können.

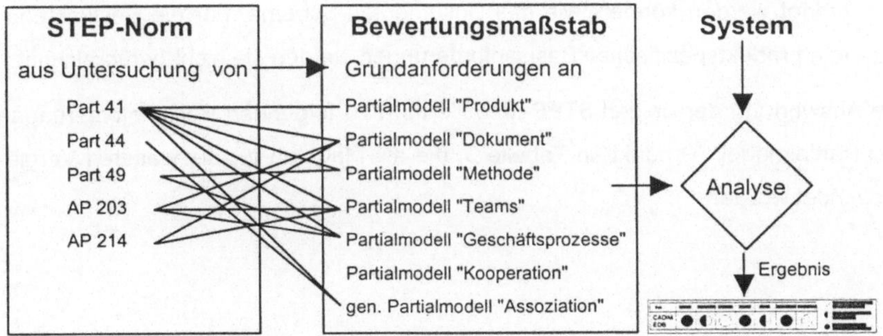

Bild 6: Generierung von Grundanforderungen an die Partialmodelle des Bewertungsmaßstabs und Durchführung der Systemanalyse

Diese Partialmodelle sind die wesentlichen Bestandteile eines EDM-Systems zur Unterstützung teamorientierter Organisationsformen in E&K und bilden die Grundlage für die Entwicklung des ooEDMS in Kapitel 4 bis 6.

Bei Textsequenzen in *kursiver* Schrift handelt es sich um die Originalbezeichnungen von STEP.

3.1.2 Basisanforderungen an die Partialmodelle auf der Basis von STEP

3.1.2.1 Basisanforderungen an das Partialmodell "Produkt"

Zur Bestimmung der Basisanforderungen an das Partialmodell "Produkt" werden folgende generischen Modelle aus [STEP41] betrachtet:

- *Generic product description resources* enthalten Entitäten, die eine generelle Beschreibung von beliebigen Produkten ermöglichen. Diese Entitäten bilden die Grundelemente eines integrierten Produktmodells [GRAB93]. Die Verknüpfungen von Entitäten führen zu Schemas.
- *Generic management resources* beinhalten Entitäten für die Modellierung administrativer Informationen von Produkten. Sie sind für die Handhabung und Kontrolle der Produktdaten erforderlich.
- *Support resources* umfassen Schemas, die den Produktdaten zusätzlich zugeordnet werden können, wie das Dokumenten-Schema. Für die Bestimmung der rein produktspezifischen Basisanforderungen werden sie nicht berücksichtigt.

Die Auswertung der obigen STEP-Modelle führt zu folgenden Basisanforderungen an das Partialmodell "Produkt" in Tabelle 3, die als Maßstab für die weiteren Vergleiche verwendet werden.

Basisanforderungen "Produkt"	Bemerkung	aus ISO 10303...
Berücksichtigung des Kontexts der Produktdaten	Entitäten des application_context- beschreiben relevante Zusammenhänge zum Umfeld der Produktdaten für deren weitere Verwendung	application_context_ schema; Part 41
Abbildung verschiedener Perspektiven auf das Produkt	Attribut *discipline_type* des *product_ context*- Entity bildet verschiedene Perspektiven auf das Produkt ab	*application_context_ schema*; Part 41
Erfassung des Produktlebenszyklus	Attribut *life_cycle_stage* des *product definition_context*-Entity bildet den Produktlebenszyklus ab	*application_context_ schema*; Part 41
Identifikation des Verwendungsbereiches eines Produktkonzeptes	Mit *product_concept_context* werden marketingorientierte Informationen über das Produkt zusammengefaßt.	*application_context_ schema*; Part 41
Identifikation der Produkte und ihrer Versionen	Entität *product* identifiziert das Produkt mit einer eindeutigen Nummer, einer Beschreibung und seinem Namen. Versionen können über die Entität *product_ version* modelliert werden	*product_definition_ schema*, Part 41
Kategorisierung von Produkten	Entity *product_category* faßt Produkte nach bestimmten Merkmalen zusammen	*product_definition_ schema*, Part 41
Definition von hierarchischen Beziehungen zw. Produkten	Entity *product_definition_relationship* bildet hierarchische Beziehungen zwischen *product_definition*-en ab	*product_definition_ schema*, Part 41
Erfassung alternativer Produkte	Entity *product_definition_substitute* ermöglicht die Modellierung von alternativen Produkten.	*product_definition_ schema*, Part 41
Beschreibung von Gestaltseigenschaften, -elementen	Entity *product_definition_shape* erfaßt Gestaltseigenschaften und wird dem *product_definition* -Entity zugeordnet	*product_property_definiti on_schema*, Part 41
Repräsentation (Darstellung) einer Gestaltsbeschreibung	Die spezielle Darstellung einer Gestalt wird durch das Entity *shape _representation* abgebildet	*product_property_repres enation_schema*, Part 41
Erfassung administrativer Da-	Administrative Daten werden gemäß dem	*generic_management_re*

ten von Produkten	*generic_management_resources_ schema* erfaßt: z.B. Name, Person, Freigabe, Dokument, Datum, etc.	*sources_schema*, Part 41

Tabelle 3: STEP-Basisanforderungen an das Partialmodell "Produkt"

3.1.2.2 Basisanforderungen an das Partialmodell "Dokument"

Folgende Schemas werden zur Ermittlung der Basisanforderungen an das Partialmodell "Dokument" berücksichtigt:

- *Das document_schema* aus [STEP41] stellt Entitäten zur Identifikation von Dokumenten, zur Referenzierung zwischen Produktdaten und Dokumenten, zur Klassifizierung und zur Strukturierung von Dokumenten bereit.
- Das *specification_schema* aus [STEP203] weist Objekten, wie Produkte oder Dokumente, eine bestimmte Spezifikation (z.B. betriebsspezifische Norm) zu.
- Das *certification_schema* aus [STEP41] ordnet Objekten ein Zertifikat (Qualitätsnachweis z.B. "Zeichnung ist DIN-gerecht") zu.
- Das *contract_schema* aus [STEP41] kann Objekten Verträge zuweisen.
- Das *security_classification_schema* aus [STEP41] ordnet bestimmten Objekten eine Sicherheitsstufe bzw. -klassen zu.
- Das *externally_defined_product_documentation_schema* aus [STEP214] unterscheidet Dokumente in computer-interpretierbar und -nicht-interpretierbar.

Die Untersuchung der Schemas führt zu folgendem Ergebnis:

Basisanforderungen "Dokument"	**Bemerkung**	**aus ISO 10303...**
Identifikation von Dokumenten	Entity *document* beschreibt Dokumente mit Namen, ID, Beschreibung und Art.	*document_schema*; Part 41
Referenzierung zw. Dokumenten und Produkten	Über *product_definition_with_associated_documents* wird die Referenz zu einer *product_definition* abgebildet	*product_definition_ schema*, Part 41

Definition von hierarchischen Beziehungen zwischen Dokumenten	Beziehungen zwischen Dokumenten werden über *document_relationship* ausgedrückt.	*document_schema*; Part 41
Klassifikation und Typisierung von Dokumenten	Das Entity *document_with_class* beschreibt Dokumente, die mehrere Klassifikationen besitzen, z.B. Qualitätsstufen A, B und C. Das Entity *document_type* beschreibt formale Standards	*document_schema*; Part 41
Inhaltliche Erfassung eines Dokuments (Textpassagen)	Mit Hilfe des *document_usage_ constraint* werden bestimmte Textpassagen bzw. Inhalte eines Dokuments erfaßt.	*document_schema*; Part 41
Zuordnung von Spezifikationen	Beschreibung einer Spezifikation erfolgt durch Entity *specification*. Klassifizierung durch *specification_classification* und Abbildung von Beziehungen zwischen Spezifikationen und Objekten, wie Dokumente, durch *specification_ relationship*.	*specification_schema*, Part 203 Applikationsprotokoll
Beschreibung und Zuordnung von Zertifikaten	Entity *certification* beschreibt Dokumente, in denen bestimmte Fakten definiert sind. Zweck des Zertifikats wird über Attribut *purpose* beschrieben. Die Zuordnung zu Objekten erfolgt durch Entity *ap203_certifikation*	*certification_schema*; Part 41 *ap203_certification_schema*; Part 203
Beschreibung und Zuordnung von Verträgen	Entity *contract* beschreibt Verträge. Durch *contract_type* wird der Typus unterschieden. Zweck des Vertrages wird durch Attribut *purpose* erfaßt. Die Zuordnung zu Objekten erfolgt durch Entity *ap203_contract*	*contract_schema*; Part 41 *ap203_contract_schema* ; Part 203
Unterscheidung zwischen computer-interpretierbaren und -nicht-interpretierbaren Dokumenten	Entity *externally_defined_product_ documentation* beinhaltet eine Menge von Dokumenten. Entity *archived_document* erfaßt computer interpretierbare bzw. nicht interpretierbare Dokumente.	*externally_defined_product_documentation_ schema*, Part 214
Erfassung administrativer Da-	Administrativen Daten sind: z.B. Name,	*generic_management-*

ten eines Dokumentes	Person, Freigabe, Datum, Spezifikation, Sicherheitsstufe, Vertrag, Zertifizierung, etc. Diese Daten werden aus dem *generic_ management_resources_schema* für Produkte auf Dokumente übertragen	*resources_schema, securty_classification_ schema*, Part 41

Tabelle 4: STEP-Basisanforderungen an das Partialmodell "Dokument"

3.1.2.3 Basisanforderungen an das Partialmodell "Methoden"

E&K-Teams setzen bei der Produktentwicklung Methoden ein. Neben den allgemeinen Methoden zur Produktgenerierung oder -verbesserung, drücken sich die Erfahrungen von Konstrukteuren in ihrer spezifischen Anwendung der Methoden sowie eigenen Vorgehensweisen und Verfahren zur Lösungsfindung aus. Durch die Abbildung, Verwaltung und Bereitstellung von Methoden bieten EDM-Systeme die Transparenz in der Produktentwicklung und eine Möglichkeit zur "Speicherung von Erfahrungswissen". Nachfolgende Produktentwicklungen profitieren von der Rückverfolgbarkeit des Methodeneinsatzes.

Zur Bestimmung der Basisanforderungen an das Partialmodell "Methode" wird folgendes Schema berücksichtigt:

- Das *action_schema* aus [STEP41] beschreibt Aktionen, die eine Veränderung von Produktdaten zur Folge haben und ordnet den Aktionen Methoden zu, wie diese Handlungen durchzuführen sind. [STEP49] setzt auf dieses Schema auf.

Die Analyse des Schemas ergibt folgende Basisanforderungen an das Partialmodell "Methode" (vgl. Tabelle 5):

Basisanforderungen "Methode"	**Bemerkung**	**aus ISO 10303...**
Identifikation und Beschreibung von Methoden	Entity *action_method* mit den Attributen: *name, description*	*action_schema*; Part 41 bzw. Part 49
Inhaltliche Erfassung einer Methode (Textpassagen)	vgl. *document_usage_ contraint.*	in Analogie zum *document_schema;* Part 41

Erfassung der Zweckbestimmung einer Methode	Entity *action_method* mit Attribut: *purpose*	*action_schema*; Part 41 bzw. Part 49
Auswirkungen durch den Methodeneinsatz	Entity *action_method* mit Attribut: *consequences*	*action_schema*; Part 41 bzw. Part 49
Zuordnung zu Aktionen (Handlungen)	Zuordnung erfolgt zwischen den Entities *action* und *action_method*	*action_schema*; Part 41 bzw. Part 49
Abbildung von Beziehungen zwischen Methoden	Entity *action_method_relationship* bildet Beziehungen ab	*action_schema*; Part 41 bzw. Part 49
Referenzierung zwischen Produkten und Methoden	bislang keine Entitäten im STEP definiert	in Analogie zum *product_ definition_ schema*, Part 41
Klassifizierung und Gruppierung von Methoden	bislang keine Entitäten im STEP definiert	in Analogie zum *document_schema*, Part 41
Erfassung administrativer Daten von Methoden	in STEP bisher nur: *name* berücksichtigt	in Analogie zu *generic_resources*, Part 41

Tabelle 5: STEP-Basisanforderungen an das Partialmodell "Methode"

3.1.2.4 Basisanforderungen an das Partialmodell "Teamorientierte Organisationsformen"

Mitarbeiter im Unternehmen sind für bestimmte Aufgaben bzw. Bereiche verantwortlich. Sie stehen über organisatorische Strukturen, wie Projektteam, Abteilung oder Fachbereich, miteinander in Beziehung. Speziell in E&K sind die Ausprägungsformen der Teamstrukturen vielfältig und weisen unterschiedliche koordinierende und kooperative Anteile auf. Die Teamzusammensetzung variiert meist über den Projektverlauf.

Für die Unterstützung von E&K-Teams durch EDM-Systeme ist die Abbildung von personal- und teambezogenen Informationen in einem weiteren Partialmodell erforderlich. Die Basisanforderungen an das Partialmodell "Teamorientierte Organisationsformen" ist das Ergebnis der Analyse des:

- *person_organization_schema* in [STEP41], das Schema bietet Entitäten für die Modellierung von Personen und Organisationen, sowie von Personen in Organisationen. Das Schema trennt zwischen diesen Objekten und ihren Rollen. [STEP214] verwendet dieses Schema.

- *AP203_person_and_organization_assignment_schema* in [STEP203], das Schema ordnet Produktdaten bestimmten Personen und Organisationen zu.

Das Ergebnis der Untersuchung faßt Tabelle 6 zusammen:

Basisanforderungen "Teamorientierte Organisationsformen"	**Bemerkung**	**aus ISO 10303...**
Identifikation und Beschreibung von Personen / Organisationen	Entities *person* und *organization* mit Attributen	*person_organization_schema* -Part41/203/214
Adressenbeschreibung von Personen bzw. Organisationen	Entity *address* bildet die Adressenbeschreibung ab.	*person_organization_schema* -Part41/203/214
Modellierung von Personen innerhalb einer Organisation	Entity *person_and_organization* erfaßt Personen in einer Organisation	*person_organization_schema* -Part41/203/214
Modellierung von Rollen für Personen und Organisationen	Entitäten *person_role, person_and_-organization_role* und *organization role.* modellieren Rollen	*person_organization_schema* -Part41/203/214
Aufbau von hierarchischen Strukturen von Organisationen	Entity *organization_relationship* bildet hierarchische Org.-Strukturen ab	*person_organization_schema* -Part41/203/214
Zuordnung zu weiteren Objekten, wie Produkt; Dokument etc.,	Zuordnung über die *assignment*-Entitäten	*AP203_person_organization_assignment_schema*, Part 203
Erfassung administrativer Daten von Personen und Organisationen	Die Analogie zu den *generic_resources* für Produkte fehlt bislang bei Personen und Organisationen	vgl. *generic_ resources*, Part 41

Tabelle 6: STEP-Basisanforderungen an das Partialmodell "Teamorientierte Organisationsformen"

3.1.2.5 Basisanforderungen an das Partialmodell "Geschäftsprozeß"

In der betrieblichen Praxis sind die E&K-Mitarbeiter meist in mehrere Projekte bzw. Geschäftsprozesse gleichzeitig eingebunden. [DERN93] definiert einen Geschäftsprozeß als die Verknüpfung aller erforderlichen Funktionen (Prozeßkette), um eine bestimmte Leistung mit definierten Leistungsmerkmalen zu erbringen. Im Mittelpunkt steht dabei die logische Ablaufstruktur zur Abwicklung eines Vorgangs und die Koordination der dafür benötigten Ressourcen. Hierfür ist die Gestaltung eines Produktentwicklungsprozesses ein Beispiel aus E&K. Geschäftsprozesse sind das Bindeglied zwischen den Informationsobjekten Produkt, Dokument und Methode, sowie zwischen den Mitarbeitern bzw. den Teams.

Die STEP-Norm bietet in folgenden Schemas Entitäten zur Modellierung von Geschäftsprozessen:

- Das *action_schema* in [STEP41], darin werden Aktionen beschrieben und Methoden für deren Durchführung zugeordnet. Dynamische Aspekte werden über eine Statusvergabe abgebildet. Zwischen Aktionen können Beziehungen definiert werden.
- Das *process_structure_and_properties* in [STEP49], erlaubt in Ergänzung zum *action_schema* die Modellierung von Beziehungen zwischen Prozessen, deren Beschreibung sowie die Darstellung von Prozeßeigenschaften.
- Das *approval_schema* in [STEP41] ordnet Produkten, Dokumenten, Methoden und Prozessen einen Freigabewert zu. Es wird nur das Ergebnis (die Freigabe) eines vorab durchlaufenen, nicht näher spezifizierten (Freigabe-) Prozesses registriert.
- Das *change_schema* in [STEP203] bildet die relevanten Elemente eines generellen Änderungswesen ab, wie z.B. Änderungsanfrage, -auftrag, Änderungsstatus etc.
- Das *date_and_time_schema* in [STEP41] ermöglicht die Modellierung von Datum und Zeiten und ordnet diesen Werten Rollen zu.

Aus den Schemas lassen sich die folgenden Basisanforderungen an das Partialmodell "Geschäftsprozeß" ableiten. Die Ergebnisse sind in Tabelle 7 dargestellt:

Basisanforderungen "Geschäftsprozeß"	**Bemerkung**	**aus ISO 10303...**
Identifikation von Aktionen	Entity *action* beinhaltet den Namen der Handlung, deren Beschreibung und eine Methode *action_method*, wie diese Handlung durchzuführen ist	*action_schema*, Part 41

Modellierung von Beziehungen zwischen Aktionen	Entity *action_relationship* modelliert hierachische Beziehungen.	*action_schema*, Part 41
Unterscheidung von künftigen und bereits durchgeführten Aktionen	Auszuführende Handlungen werden durch das Entity *action_execution* erfaßt. Entity *requested_action* beschreibt die Anfrage für eine künftige Handlung Entity *ordered_action* beschreibt, daß die Berechtigung zur Durchführung einer Handlung übertragen ist	*action_schema*, Part 41
Identifikation der internen Zustände (Status) der Aktionen	Status einer Handlung wird durch Entity *action_status* abgebildet.	*action_schema*, Part 41
Modellierung verschiedener Abarbeitungsreihenfolgen	Entity *process_action_method_ relationship* ermöglicht serielle, überlappende und parallele Abarbeitung von Prozessen	*process_method_definition_schema* Part 49
Modellierung des Freigabe- und Änderungswesen	Durch *approval_date_time* wird das Gültigkeitsdatum der Abnahme fixiert, durch *approval_person_organization* wird die Beziehung zur verantwortlichen Stelle abgebildet. Elemente des Änderungswesens sind: Änderungsanfrage *change request*, Änderungsauftrag *change_oder*, Verbesserungsvorschlag *change_ solution*	*approval_schema*, in Part 41 und *change_schema*, im Applikationsprotokoll AP 203
Erfassung der aktuellen Stati von Freigabe- und Änderungsprozessen	Entity *approval_status* gibt den aktuellen Status einer Abnahme, Freigabe an. Entity *change_status* dito	*approval_schema*, in Part 41 und *change_schema*, im Applikationsprotokoll AP 203
Modellierung von Geschäftsprozeßeigenschaften	Entity *action_property* charakterisiert *action* oder *action_method*. Entity *product_property* charakterisiert Eigenschaften des Produktes. Entity *resource_property* charakterisiert Ressourcen	*process_property_representation_schema*, Part 49
Darstellung von Prozeßeigenschaften	Darstellungen erfolgen textuell, durch Klassifizierungscodes, oder durch Parameterangabe	*process_property_representation_schema*, Part 49
Typisierung von Ressourcen für Aktionen	Entity *action_resource* umfaßt die Beschreibung der Ressource	*action_schema*, Part 41

Referenzen zu Produkten, Dokumenten (z.B. Spezifikation), Methoden	über die Entitäten *action_method_with_specification_reference* und *action_method_with_specification_reference_constrained* werden Referenzen zu Dokumenten (Spezifikation) bzw. zu Abschnitten dieser Dokumente modelliert	*process_method_definition_schema*, Part 49
Zusammenfassung mehrerer Objekte für eine Freigabe oder Änderung	*Entity approval_role* ordnet Freigaben bestimmten Rolle zu. Mehrere Freigaben stehen über *approval_relationship* in Beziehung. Entity *ap203_change* bzw. *ap203_approval* faßt mehrere Objekte zusammen.	*approval_schema*, Part 41 und *change_schema*, Applikationsprotokoll ISO 10303 AP203
Administrative Daten für Geschäftsprozesse	Die Analogie zu den *generic_resources* für Produkte fehlt bislang bei Geschäftsprozessen.	vgl. *generic_ management_resources*, Part 41

Tabelle 7: STEP-Basisanforderungen an das Partialmodell "Geschäftsprozeß"

3.1.2.6 Basisanforderungen an das Partialmodell "Assoziationen"

Bei der Modellierung von Assoziationen wird in der vorliegenden Arbeit zwischen folgenden semantischen Beziehungen von Objekten unterschieden:

- Die hierarchische Erzeugnisgliederung eines Objektes wird über *Strukturbeziehungen* abgebildet. Die Semantik der Struktur kann dabei unterschiedlich sein, wie beispielsweise die funktionale Erzeugnisstruktur eines Produktes aus Sicht der Konstruktion oder die montageorientierte Struktur der Arbeitsplanung. Auswertungen dieser Strukturen führen zu Stücklisten (top-down) oder Verwendungsnachweisen (buttom-up).
- *Referenzen* sind semantische Beziehungen, die zur Abbildung beliebiger Logiken innerhalb des Objektes und seiner Wechselbeziehungen zu anderen Objekten angewendet werden. So z.B. Produkt X "...hat das Dokument..." Dokument Y. Auswertungen dieser Referenzen führen zu Listen.

Da Assoziationen in allen Partialmodellen des EDMS auftreten, werden hierfür separate Basisanforderungen an "Assoziationen" aus folgenden Schemas erstellt:

- das *product_structure_schema* in [STEP44] ermöglicht die Abbildung von hierarchischen Produktstrukturen und berücksichtigt Vorgängerbeziehungen,
- das *externally_reference_schema* in [STEP41] referenziert Produktdaten auf Objekte, die nicht Bestandteil des Datenaustausches oder Datenmodells sind, bzw. als "externe Quellen" identifiziert werden.

Tabelle 8 faßt die Ergebnisse zusammen. Die Erklärungen beziehen sich exemplarisch auf "Produkte", sind aber auf alle vorab beschriebenen Objekte zu übertragen.

Basisanforderungen "Assoziation"	**Bemerkung**	**aus ISO 10303...**
Modellierung von Strukturen unterschiedlicher Semantik	Strukturen können durch Entity *product_definiton_relationship* festgelegt werden. Baugruppen und Komponenten werden durch Entity *assembly_ component_usage* abgebildet	*product_definition_ schema* Part 41 *product_structure_ schema*, Part 44
Hierarchische Eltern/Kind-Strukturen	Entity *product_definition_usage* bildet hierarchische Eltern/Kind-Strukturen ab.	*product_structure_ schema*, Part 44
Relation zum "Vorgänger" des Produktes (z.B. Rohmaterial)	Entity *make_from_usage_option* bildet Vorgängerbeziehungen ab.	*product_structure_ schema*, Part 44
Möglichkeit zur Quantifizierung der Komponenten, Mengenübersicht	Entity *quantified_assembly_ component_usage* bietet bei Baugruppe die Mengenübersicht der Komponenten.	*product_structure_ schema*, Part 44
Ein - und mehrstufige Modellierung	Entity *next_assembly_ usage_ occurrence* bildet eine 1-stufige Modellierung. Entity *specified_higher_usage_ occurrence* ist für Baugruppen, die mehrfach in ein übergeordnetes Produkt eingehen.	*product_structure_ schema*, Part 44
Vorläufige Zuordnung von Komponenten bei unvollständigen Strukturen	Entity *prommissory_usage* bildet vorläufige Zuordnungen von Komponenten innerhalb der Produktstruktur ab	*product_structure_ schema*, Part 44
Abbildung von austauschbaren Komponenten und alternativen Produkten	Über die Entitäten *assembly_component usage_substitute* und *alternate_ product_relationship*	*product_structure_ schema*, Part 44
Modellierung beliebiger Referen-	Entity *external_source* und den *external-*	*external_reference_*

zen zwischen verschiedenen Objektklassen	*ly_defined_items* bilden diese Referenzierung ab	*schema* Part 41
Abbildung administrativer Daten von Assoziationen	Bislang werden administrative Daten für Assoziationen, wie sie für Produkte in *generic_management_ resources* beschrieben sind, nicht betrachtet.	vgl. *generic_ management_resources*, Part 41

Tabelle 8: STEP-Basisanforderungen an das Partialmodell "Assoziation"

3.1.2.7 Basisanforderungen an das Partialmodell "Kooperation"

Zur Unterstützung teamorientierter Organisationsformen werden in EDM-Systemen Funktionen benötigt, die über eine reine Modellierung von Abläufen (asynchrone Datenverarbeitung) hinausgehen und zwischen den Beteiligten ein kooperatives Arbeiten ermöglicht. Die synchrone Bearbeitung von Daten durch mehrere Personen kann dabei eine Anforderung sein. Bei kooperationsorientierten Systemen arbeiten Benutzer innerhalb einer gemeinsamen Informationsumgebung [HEGI93] und verfügen somit, im Gegensatz zu heutigen isolierten Arbeitsweisen, über ein Teamverständnis.

Das Ziel dieser Basisanforderungen an das Partialmodell "Kooperation" ist die Charakterisierung der rechnerunterstützten Gestaltung und Durchführung interdisziplinärer kooperativer Arbeiten. In STEP sind diese kooperativen Aspekte bislang nicht berücksichtigt. Für die Bestimmung der Basisanforderungen ist die Klassifikation kooperativer Arbeiten nach Anwendungsebenen geeignet [JOHA88] (vgl. Anhang B).

Tabelle 9 faßt das Ergebnis zusammen. In der mittleren Spalte ist die Bedeutung von kooperativen Funktionen für EDM-Systeme dargestellt (**+** = wichtig, **o** = weniger wichtig, **-** = unwichtig)

Basisanforderungen "Kooperation"	Prio	Bemerkung
Austausch von Nachrichten (Message Systems)		• ermöglichen die unstrukturierte Kommunikation zwischen den Beteiligten.
• Text, Graphik, Bilder (E-Mail)	+	• "Nachrichtensysteme" sind als eigenständige Applikationen zu betrachten.
• Sprache (Voice-Mail)	+	
• Bewegte Bilder, Animation (Video-Mail)	o	• EDMS verwaltet derartige Applikationen als Zusatzmodul
		• ausgetauschte Nachrichten werden als Dokumente vom EDMS verwaltet.
Editieren durch mehrere Benutzer (Multi-User Editors MUE)		• speziell geeignet für die Anwendung durch teamorientierten Organisationen
• Neue Objekte anlegen z.B. die Gestaltung eines komplexen Geschäftsprozesses durch ein Team	o	• bei asynchronen MUE wird sequentiell gearbeitet mit Verwendung von verschiedenen Farben
• gemeinsamer Aufbau von Strukturen und Referenzen zwischen Objekten	o	• bei synchronen MUE muß Objekt in logische Segmente unterteilt werden (eindeutige Zuweisung der Berechtigungen)
• gemeinsame Änderung an bestehenden Objekten bzw. Strukturen und Referenzen	o	• Verwaltung von Kopien, getrennte Bearbeitung durch die Beteiligten und Zusammenführung in einem zentralen Editor
Unterstützung von Entscheidungen (Group Decision Support Systems)		• zur Unterstützung in kreativen, intuitiven Phasen von Gestaltungsprozessen
• Entscheidungsfindung durch Unterstützung der Sitzungsplanung, Ideenfindung, Ideenauswahl	-	• Ergebnisse werden durch das EDMS als "Dokumente" festgehalten werden und den spezifischen "Auftrag" (Geschäftsprozeß) zugeordnet bzw. in der "Ideenbibliothek" archiviert

Organisation von Konferenzen (Computer Conferencing Systems) • Klassische Echtzeit-Konferenzen (Applikationen) • Desktop-Konferenzen	 + +	• geeignet für die räumlich getrennte Zusammenarbeit (dezentrale Teamstrukturen) • Verteilung von Bildschirminhalten (shared windows). EDMS verwaltet das "Share-Programm" unabhängig von der aktiven Applikation • spezielle Applikationen (außerhalb des EDMS) für die Gruppenarbeit: z.B. mehrere Mauszeiger • Kombination von Video- und Applikationen in Desktop-Konferenzen
Koordinationsunterstützung (Coordination Systems) • Formularorientierte Unterstützung • Prozeßorientierte (vorgangsorientierte) Unterstützung • Kommunikationsorientierte Unterstützung • Konversationsorientierte Unterstützung	 + + + -	• dienen der Planung und Steuerung des Ablaufs arbeitsteiliger Prozesse • im EDMS über Umlaufmappen eines Geschäftsprozesse realisiert • im EDMS über die Modellierung von Geschäftsprozessen realisiert • Modellierung von Rollen, Profilen und Zuordnung von Personen im EDMS.

Tabelle 9: Basisanforderungen an das Partialmodell "Kooperation"

Auf der Basis obiger Basisanforderungen an die jeweiligen Partialmodelle erfolgt die Untersuchung von relevanten Lösungsansätzen für die Unterstützung von teamorientierten Organisationsformen in E&K. Eine qualitative Bewertung der berücksichtigten Basisanforderungen (i.S. der Vollständigkeit) wird graphisch wie folgt dargestellt.

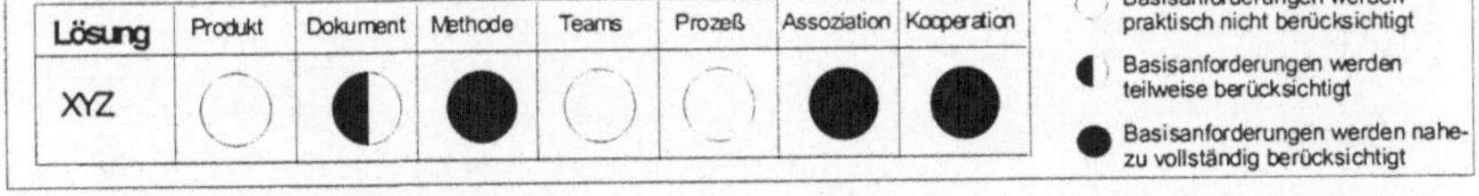

Lösung	Produkt	Dokument	Methode	Teams	Prozeß	Assoziation	Kooperation
XYZ	○	◐	●	○	○	●	●

○ Basisanforderungen werden praktisch nicht berücksichtigt
◐ Basisanforderungen werden teilweise berücksichtigt
● Basisanforderungen werden nahezu vollständig berücksichtigt

Bild 7: Darstellung der qualitative Beurteilung

3.2 Analyse von Systemen mit STEP-orientierten Datenmodelle

In diesem Kapitel werden Systeme beschrieben, die auf STEP-orientierten Datenmodellen beruhen. Für weitergehende Informationen über die STEP-Norm wird auf [ANDL92], [GRAB93], [TRIPP93], [MACH93], [NERKE93], [OWE93] und [GRAB94] verwiesen.

3.2.1 Concurrent Simultaneous Engineering System (CONSENS)

Ziel des ESPRIT-Projektes 6896 CONSENS ist die Generierung einer Methode und einer rechnergestützten Integrationsplattform zur Unterstützung von "**C**oncurrent and **S**imultaneous **E**ngineering" [CON94]. CSE wird als systematische Vorgehensweise zur Parallelisierung, Standardisierung und Integration von Engineering-Prozessen entlang dem Produktlebenszyklus definiert. Die Methode wird als "CSE Road Map" bezeichnet. Sie ermöglicht die Generierung betriebsspezifischer Lösungen für die Unternehmen. Die Integrationsplattform setzt diese Ergebnisse um. Hierfür ist die Einbindung verschiedener Systeme und Module erforderlich. Es wird eine offene Architektur angestrebt, die eine weitgehende Unabhängigkeit von systembedingten Kriterien wie Hardware und Betriebssystem ermöglicht. Die komplexe Architektur zeigt Bild 8 [KOWA94]. Die darin enthaltenen Bezeichnungen sind in Anhang I erklärt.

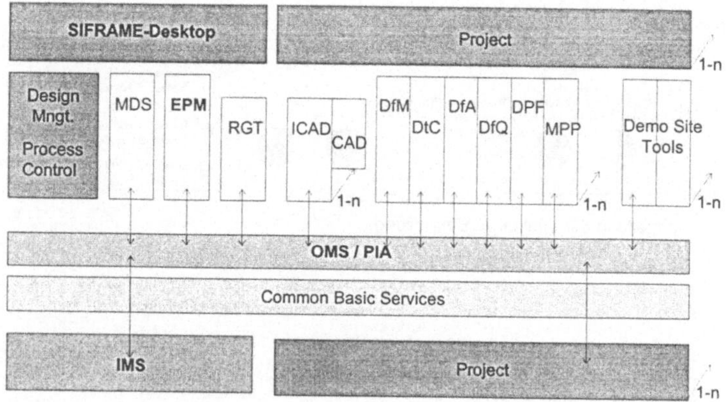

Bild 8: Die CONSENS Architektur

Die drei Module IMS (Information Management System), SIFRAME und PIA (Product Information Archive) sind die Hauptbestandteile der Integrationsplattform. Die Aufgabe des IMS ist die Verwaltung und Bereitstellung von Produktinformation entlang der gesamten Lebensdauer. SIFRAME kontrolliert die Ausführung von Aktivitäten in definierten Phasen des Produktlebenszyklus. Es ist für die Verwaltung der Daten und ihrer Historie verantwortlich. Der Zugriff auf Daten einer Produktstruktur wird durch PIA realisiert. PIA verwendet ein STEP-orientiertes Produktmodell (insbesondere ISO 10303 Part 41 und 44) und basiert auf einer objektorientierten Datenbank OMS (Object Management System). Die Funktionen konzentrieren sich auf die Eingabe, Suche und Veränderung von organisatorischen Produktdaten, Produktstrukturen und Prozeßplänen. Das Modul EPM (Engineering Process Manager) verwaltet Meilensteine von Projekten sowie die zugehörigen Ergebnisse.

Im Vergleich zu den Bewertungskriterien sind Defizite im CONSENS in den Bereichen Prozeßmodellierung sowie Kooperationsfähigkeit zu erkennen. Die dynamische Veränderung von Prozessen während ihrer Laufzeit wird nicht betrachtet. Ebenso erfolgt keine Definition von Rollen in einem Team. Die Veränderung der Teamzusammensetzung sowie ihre Unterstützung im Rahmen kooperativer Arbeiten wird nicht berücksichtigt. Bild 9 verdeutlicht die Schwerpunkte von CONSENS.

System	Produkt	Dokument	Methode	Teams	Prozeß	Assoziation	Kooperation
CONSENS	●	◐	◐	◐	◐	●	○

○ Basisanforderungen werden praktisch nicht berücksichtigt
◐ Basisanforderungen werden teilweise berücksichtigt
● Basisanforderungen werden nahezu vollständig berücksichtigt

Bild 9: Qualitative Beurteilung von CONSENS

3.2.2 Objekt-Manager ROSE

Im Rahmen des "Rensselaer CIM Programms" am Polytechnic Institute in New York wird unter der Beteiligung namhafter Firmen wie Digital, General Electric und General Motors seit 1987 der objektorientierte *Objekt-Manager ROSE* entwickelt [SPOON94]. Ziel dieser Forschungsarbeit ist es, "Concurrent-Engineering" Anwendungen zu unterstützen. Für die verschiedenen, am Produktentstehungsprozeß beteiligten Disziplinen eines Unternehmens, sind verschiedene Sichtweisen auf das Produkt zu modellieren und bei individuellen Änderungen konsistent zur Verfügung zu stellen. Die Sichtweisen werden in ROSE aus einem "Global Product Model" abgeleitet. Dieses Datenmodell basiert auf Entitäten und Strukturen der STEP-Norm ISO 10303, speziell Part 42 "Boundary Representation". ROSE unterstützt die Datenmodellierung mit Hilfe der EXPRESS-Sprache aus ISO 10303 und übersetzt die EXPRESS-Modelle in C++ Klassen. Der Objekt Manager berücksichtigt die Versionierung von Produktdaten und verfügt über Prozessoren für den Austausch von Produktdaten verschiedener Formate wie IGES, DXF (vgl. Bild 10). Er verfügt über eine graphische Benutzungsoberfläche, die als Browser bzw. Editor für die Objekte in der Datenbank arbeitet. Sämtliche Änderungen an den Objekten werden protokolliert.

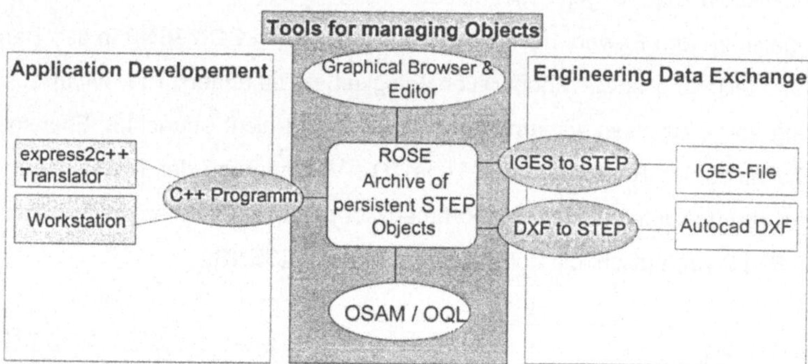

Bild 10: Das System ROSE und seine Schnittstellen

Der Schwerpunkt des Objekt Managers ROSE liegt in der Verwaltung und Bereitstellung geometrieorientierter Informationen für deren Weiterverarbeitung. Im Vergleich zu den obigen STEP-Basisanforderungen werden die dynamischen Aspekte von Geschäftsprozessen, die Teambildung sowie die Unterstützung ihrer kooperativen Zusammenarbeit nicht betrachtet. Die qualitative Beurteilung des Systems zeigt Bild 11:

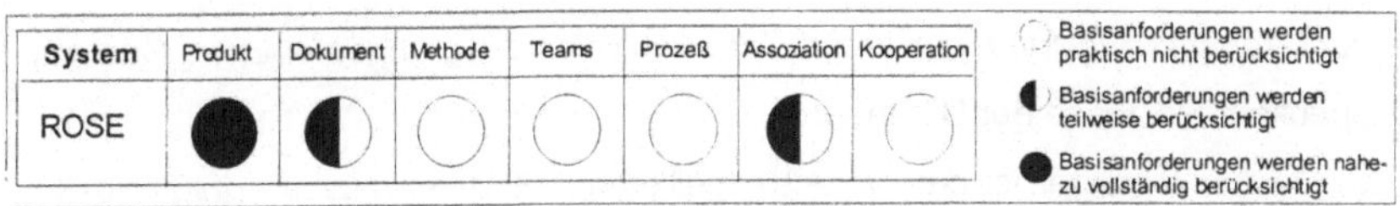

System	Produkt	Dokument	Methode	Teams	Prozeß	Assoziation	Kooperation
ROSE	●	◐	○	○	○	◐	○

○ Basisanforderungen werden praktisch nicht berücksichtigt
◐ Basisanforderungen werden teilweise berücksichtigt
● Basisanforderungen werden nahezu vollständig berücksichtigt

Bild 11: Qualitative Beurteilung von ROSE

3.2.3 Advanced System for Simultaneous Engineering based on STEP (ASSiST)

In [SCHNE94] wird ein Konzept für eine Systemarchitektur dargestellt, das den geometrischen Entwurfs eines Produktes sowie die Kommunikation der Beteiligten in E&K unterstützen soll. Das Konzept beinhaltet eine Prozeßmodellierung, welche die sequentiellen und parallelen Aktivitäten im Rahmen des Leistungserstellungsprozesses koordiniert. Die sichere Handhabung komplexer Objektstrukturen sowie die Berücksichtigung verschiedener Versionszustände der Objekte sind die weiteren Anforderung an das Konzept. Bild 12 zeigt die Systemarchitektur:

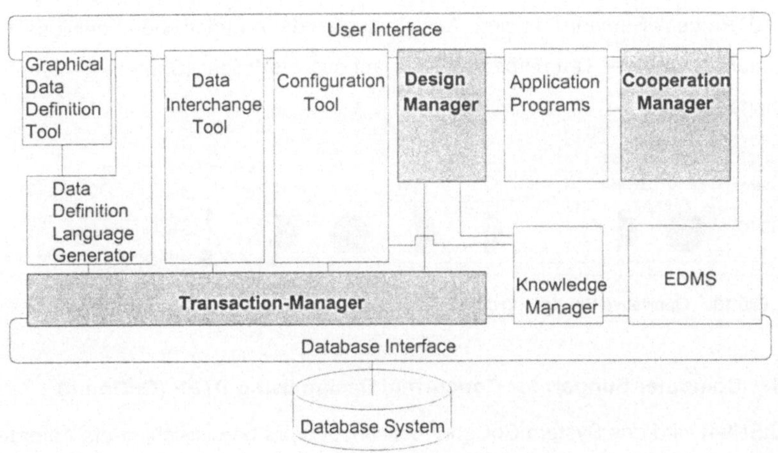

Bild 12: Module des ASSiST Framework Konzeptes

Simultane Aktivitäten in E&K werden durch drei Kooperationsebenen unterstützt:

- Der *Transaktions Manager* koordiniert die gleichzeitig angestoßenen Checkin - Checkout-Prozesse der Datenbank.
- Im *Design Manager* ist die Prozeßmodellierung integriert. Hierin erfolgt die Synchronisation von E&K-Aktivitäten.
- Der *Co-Operations Manager* stellt die Kommunikationsmodule zur Verfügung.

Ein Konfigurationswerkzeug ermöglicht die Modellierung hierarchischer Objektstrukturen mit deren Versionen. Im *Data Interchange Tool* werden die Austauschformate zu CAD-Systemen basierend auf den STEP-Prozessoren gespeichert. Ein *grafischer Editor* manipuliert die Datendefinitionen der Datenbank. Diese Graphiken werden von dem Modul *Data Definition Language Generator* in die notwendigen Datenstrukturen übersetzt. Das Systemkonzept basiert auf den Datenmodellen des Applikationsprotokolls ISO 10303 AP212. Die zugrundeliegende objektorientierte Datenbank ist ONTOS. Das AP212 hat seine Defizite im Bereich des Dokumenten- und Methodenmodells. Hierfür werden nur wenige Entitäten zur Modellierung angeboten. [SCHNE94] trifft keine Aussage darüber, ob seine Prozeßmodellierung auf dem Partialmodell ISO 10303 Part 49 "Process Structure" basiert. Auch bezüglich der erforderlichen Funktionalität für die Unterstützung der Teamarbeit wird nur auf das "Verteilen" (Sharen) der Daten näher eingegangen.

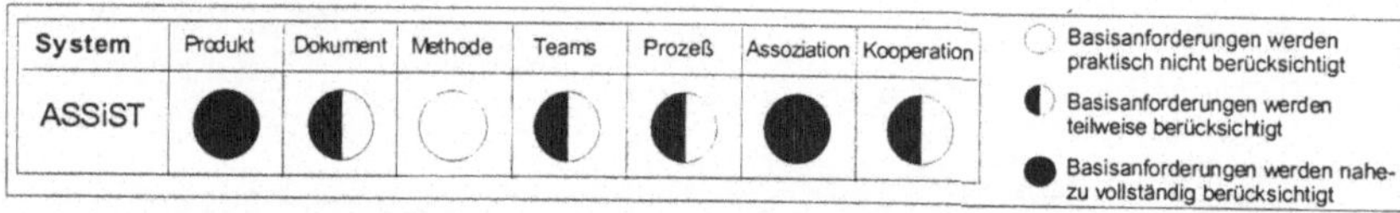

System	Produkt	Dokument	Methode	Teams	Prozeß	Assoziation	Kooperation
ASSiST	●	◐	○	◐	◐	●	◐

○ Basisanforderungen werden praktisch nicht berücksichtigt
◐ Basisanforderungen werden teilweise berücksichtigt
● Basisanforderungen werden nahezu vollständig berücksichtigt

Bild 13: Qualitative Beurteilung des Konzepts von ASSiST

3.2.4 Computer Support for Concurrent Design using STEP (CoConut)

In [JASN94] wird das System CoConut beschrieben. Es berücksichtigt die Anforderungen aus E&K in Bezug auf offene Systemarchitekturen und der Unterstützung organisatorischer Strukturen wie Teams. CoConut verfolgt zwei Ziele: die Integration von bestehenden E&K-Applikationen und deren Daten in eine einheitliche Umgebung und die Integration von neuen CSCW-Technologien in die CAD Technik. Das System basiert im Kern auf einem objektorientierten Produktmodell, das sich an den Partialmodellen von [STEP203] orientiert. Durch diesen Standard ist eine offene Systemarchitektur gewährleistet und damit die DV-technische Unterstützung von Teamarbeit in heterogenen Systemlandschaften möglich. CoConut verfügt über eine Kommunikationskomponente, die eine synchrone Bearbeitung von Daten mit verschiedenen Applikationen im Team durch Verteilen der Daten sicher stellen soll. Über eine graphische Benutzerschnittstelle kommuniziert der Benutzer zunächst mit einer Art Konsole, dem "Cockpit". Diese Konsole ist der Haupteinstiegspunkt in das System und ermöglicht das Starten von verschiedenen Prozeduren. Die Kern-Applikationen unterteilen sich in das *Personal and Organisation Tracking System* (POTS) und das *Project and Product Tracking System* (PPTS). Für die Objektklassen Personal, Organisation, Projekt und Produkt ist das Anlegen und Ändern von Daten und Strukturen möglich.

Das CoConut -Konzept berücksichtigt nicht die in dieser Arbeit zusätzlich angesprochenen Themen der Dokumentation, der Methoden sowie die integrierte Modellierung von Geschäftsprozessen. Dynamische Teamstrukturen werden nicht betrachtet. Das Ergebnis der qualitative Beurteilung ist in Bild 14 dargestellt.

System	Produkt	Dokument	Methode	Teams	Prozeß	Assoziation	Kooperation
CoConut	●	○	○	◐	○	◐	●

○ Basisanforderungen werden praktisch nicht berücksichtigt
◐ Basisanforderungen werden teilweise berücksichtigt
● Basisanforderungen werden nahezu vollständig berücksichtigt

Bild 14: Die Beurteilung des CoConut Systems

3.3 Analyse von EDM-Systemen mit herstellerspezifischen Datenmodellen

Im folgenden wird die Eignung von EDM-Systemen zur Unterstützung von teamorientierten Organisationsformen untersucht. Exemplarisch werden drei repräsentative Systeme vorgestellt, die im amerikanischen bzw. deutschen Markt hohe Installationszahlen vorweisen können [CIM94] und über umfangreiche Funktionen verfügen [PLOE93], [CIM94], [CAD94], [CAE95].

3.3.1 Engineering Data Library (EDL) / Metaphase I

Das EDL-System von CONTROL DATA Inc., Arden Hills, MN/USA ist für den Einsatz in verteilten heterogenen DV-Umgebungen konzipiert. Die Offenheit und Flexibilität des Systems zeigt sich an der Unterstützung unterschiedlicher Hardware-Plattformen (PC, UNIX-Workstation) und durch die Konfigurierbarkeit von z.B. Datenmodellen und Masken [ENGI93]. In Bild 15 ist die Architektur des Systems in der Version 6.0 dargestellt [EDL93]. Diese Version entspricht weitgehend dem System Metaphase I von Metaphase Technology Inc., Arden Hills, MN/USA einem Joint Venture zwischen Control Data und SDRC, Milford, OH/USA.

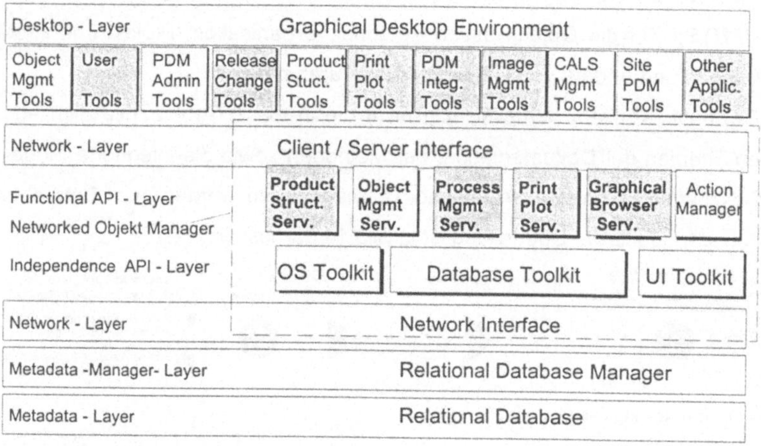

Bild 15: Die Systemarchitektur des EDL 6.0 von CONTROL DATA

Der *Networked Object Manager* ist das Basismodul und beinhaltet die Grundfunktionen zur Verwaltung verteilter Datenbestände. Das Modul ist die Schnittstelle zu den Anwendungsfunktionen. Mit Hilfe der *Process Management Services* und *Tools* werden betriebsspezifische Abläufe wie Freigabeprozesse abgebildet. Die *Product Structure Services* und *Tools* erlauben verschiedene Sichten auf Produkte und Strukturen. Die Abhängigkeiten zwischen Daten werden im *Data Object Browser* graphisch dargestellt (*Graphical Browser Services*). Die *PDM-Integrator Tools* ermöglichen die Einbindung von unternehmensspezifischen Applikationen und die Anpassung des EDL Systems an betriebsspezifische Gegebenheiten. Durch die *Print-Plot Services* und *Tools* werden die Ansteuerung und die Verwaltung der Ausgabegeräte unterstützt. Die *Imaging Management Tools* ermöglichen die Darstellung und Verwaltung bzw. Bearbeitung von Pixeldaten (z.B. Scanns). Das System verfügt über Administrationsfunktionen, die eine Benutzerverwaltung mit Zugriffsverwaltung (und -kontrolle *User tools*)sowie die Verwaltung von DV-Ressourcen ermöglichen (*Other Applic.Tools*).

Die Modelle für Produkte und Dokumente sind im Vergleich zu den o.g. STEP-Basisanforderungen unvollständig. So wird der Kontext für Produktdaten nicht erfaßt. Eine differenzierte Modellierung von Versionen und Varianten ist nicht möglich. Die Abbildung von sich beeinflussenden Variantenpositionen wird nicht unterstützt. Die Verwaltung von Methoden muß zusätzlich konfiguriert werden. Das System verfügt über eine leistungsfähige Benutzer-, Ressourcen- (Systemadministration) und Prozeßverwaltung. Es erfolgt keine Unterstützung von Teamarbeit, wie die Bereitstellung von Mechanismen zur synchronen Datenverarbeitung. Die qualitative Beurteilung des EDL-System fällt wie folgt aus:

System	Produkt	Dokument	Methode	Teams	Prozeß	Assoziation	Kooperation
EDL	◐	◐	○	●	●	◐	○

○ Basisanforderungen werden praktisch nicht berücksichtigt
◐ Basisanforderungen werden teilweise berücksichtigt
● Basisanforderungen werden nahezu vollständig berücksichtigt

Bild 16: Qualitative Beurteilung des EDL von CONTROL DATA

3.3.2 Product Information Management System (PIMS)

Die Grundlage des Product Information Management-Systems der Firma Sherpa Corporation, San Jose, CA/USA ist eine Architektur für die dezentrale Verwaltung von Produkt- und Prozeßinformationen in heterogenen Netzwerken [EDN93]. PIMS baut auf dem System DMS auf, welches für das Objekt-Handling verantwortlich ist. PIMS ist die Applikation, die für Produktdaten spezifische Verwaltungsfunktionen definiert und damit ihr Verhalten festlegt. Bild 17 zeigt die Architektur des PIMS Systems [PIM94].

Eine Hauptkomponente des PIMS ist der "Elektronische Aktenschrank" (*Document and DataVault*). Daten und Dokumente werden dadurch vor nichtberechtigten Zugriffen und Aktionen geschützt. Die Modellierung von Geschäftsprozessen und die Zuordnung von Personen erfolgt durch das Modul *Engineering-Work-In-Process.* Über das *Product Structure Management* werden die Objekte, deren Strukturen sowie beliebige Referenzen verwaltet.

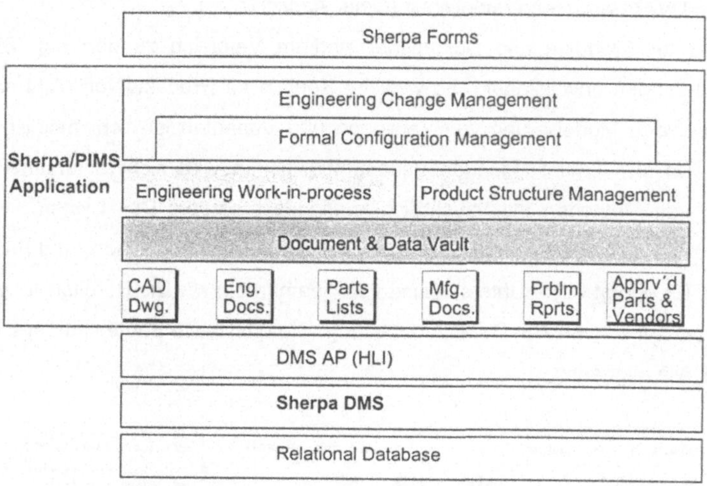

Bild 17: Die Systemarchitektur des PIMS von SHERPA

Sämtliche Änderungen können mit Änderungsanfragen, -anträgen und -notizen gespeichert werden. Die zeitliche Auswertung von Änderungen führt zur Historie des Objektes. Die Integration von Erzeugersystemen sowie die betriebsspezifische Anpassung werden durch das *Integration-Tool* realisiert.

Die Leistungsfähigkeit von PIMS ist mit EDL vergleichbar. Ähnliche Defizite lassen sich in der Unterstützung kooperativer Arbeitsformen in den Teams identifizieren. Die Datenmodelle orientieren sich bislang nicht an der STEP-Entwicklung. Bild 18 zeigt die qualitative Beurteilung des Systems:

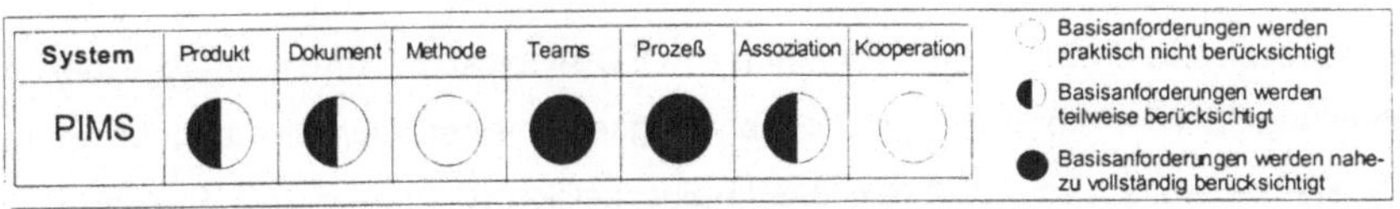

Bild 18: Qualitative Beurteilung des PIMS von SHERPA Corporation

3.3.3 Computer Aided Data Integration Manager / Engineering Database (CADIM/EDB)

Das System CADIM/ EDB von Eigner&Partner GmbH, Karlsruhe, ist ein technisches Informationssystem und dient als Integrationsplattform für CAx-Applikationen in den E&K Bereichen [EIHI91]. CADIM/ EDB wurde vollständig mit dem objektorientierten Entwicklungswerkzeug DataView erstellt. CADIM/EDB erreicht dadurch eine weitgehende Hardware- und Datenbankunabhängigkeit. Bild 19 zeigt die Architektur des Systems [EIG94].

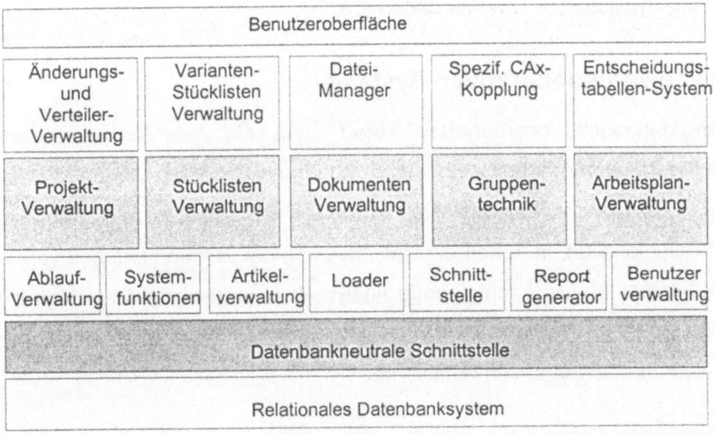

Benutzeroberfläche

Änderungs- und Verteiler-Verwaltung	Varianten-Stücklisten Verwaltung	Datei-Manager	Spezif. CAx-Kopplung	Entscheidungs-tabellen-System
Projekt-Verwaltung	Stücklisten Verwaltung	Dokumenten Verwaltung	Gruppen-technik	Arbeitsplan-Verwaltung

Ablauf-Verwaltung	System-funktionen	Artikel-verwaltung	Loader	Schnitt-stelle	Report generator	Benutzer verwaltung

Datenbankneutrale Schnittstelle

Relationales Datenbanksystem

Bild 19: Der modulare Aufbau von CADIM/EDB

CADIM/EDB verwaltet Informationen zu Aufträgen und Verknüpfungen zu weiteren EDB-Objekten, wie Artikel, Dokumente und Benutzer. Das System bildet unternehmensspezifische Prozesse ab. Varianten von EDB-Objekten werden erfaßt. Über Entscheidungstabellen können logische Abhängigkeiten eines Objektes abgebildet werden. Bei Versionen von Objekten erfolgt eine zeitlich Steuerung aller Freigabe- und Änderungszustände. Die Verwaltung von Klassifizierungen in Form von Sachmerkmalsleisten wird von CADIM/EDB ebenso unterstützt wie die Benutzerverwaltung mit definierten Privilegien und Gruppenzuordnungen.

Im Vergleich zu den Bewertungskriterien sind Defizite im Bereich Methoden und der Kooperationsfähigkeit des Systems zu identifizieren. Für Methoden ist bislang kein Datenmodell verfügbar. Die Änderung von Prozessen zur Laufzeit wird nicht unterstützt. Kooperative Konzepte für die synchrone Bearbeitung von Daten werden bislang nicht berücksichtigt.

System	Produkt	Dokument	Methode	Teams	Prozeß	Assoziation	Kooperation
CADIM/ EDB	●	◐	○	●	◐	●	○

○ Basisanforderungen werden praktisch nicht berücksichtigt
◐ Basisanforderungen werden teilweise berücksichtigt
● Basisanforderungen werden nahezu vollständig berücksichtigt

Bild 20: Qualitative Beurteilung des Systems CADIM/EDB

3.4 Analyse von kooperativen Systemen

Die obigen Untersuchungsergebnisse zeigen, daß die geforderten kooperativen Aspekte in der Zusammenarbeit von Teams und ihren Mitgliedern von EDM-Systemen bislang nicht ausreichend berücksichtigt werden. Parallel hierzu existieren Systeme ohne EDM-Funktionalität, in denen die Unterstützung der Zusammenarbeit von Teams grundlegend gelöst ist. Die nachfolgende Analyse kooperativer Systeme (vgl. Klassifizierung von [ELLI91] in Anhang B) verdeutlicht die Notwendigkeit der Zusammenführung von EDM- und kooperativen Funktionen.

3.4.1 Information Lens / Object Lens

Das Nachrichtensystem *Information Lens* [MAGR89] unterstützt den Informationsaustausch zwischen zeitversetzt und räumlich getrennt arbeitenden Teammitgliedern. Die Nachrichten sind vorstrukturiert und enthalten definierte Felder wie Absender, Schlüsselwörter, Terminvorgaben und ein Freitext-Feld. Eingehende elektronische Nachrichten werden nach diesen Felder gefiltert. Jeder Nachricht wird ein Typ zugeordnet, der die möglichen Reaktionen des Adressaten bestimmt. Der Adressat bekommt vom System Alternativen für den Antworttyp vorgeschlagen.

Die Weiterentwicklung *Object Lens* [LAMA89] führt neben Dokumenten zusätzliche Objekttypen wie Person und Projekte ein. Das System verfügt über eine Anbindung an eine objektorientierte Datenbank. Ferner bietet *Object Lens* eine Hypertextunterstützung, die ein Navigieren durch Informationsbestände ermöglicht.

Die Datenmodelle Dokument, Person und Projekt von *Object Lens* basieren nicht auf dem genannten STEP-Standard. Produktdaten und deren Assoziationen sowie die Verwaltung von Methoden werden nicht berücksichtigt. Die Funktionalität zur Unterstützung von Teams ist auf "zeitversetzt und räumlich getrennte" Situationen der Teammitglieder beschränkt. Eine qualitative Beurteilung des Systems zeigt Bild 21:

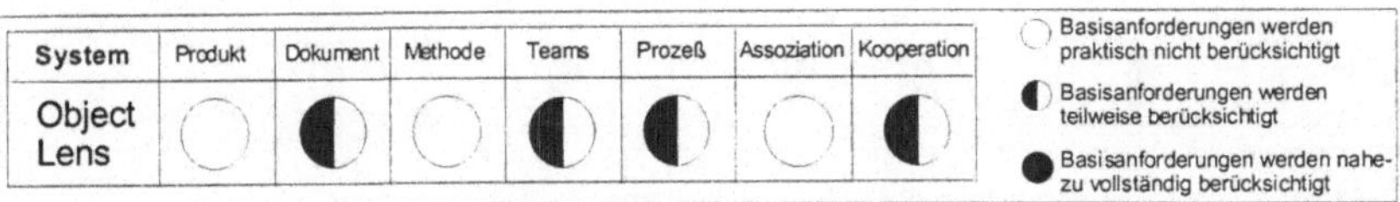

Bild 21: Qualitative Beurteilung von Object Lens

3.4.2 DOMINO

Das Bürovorgangssystem DOMINO [KRHI91, KREI91] ist ein *vorgangsorientiertes Koordinationssystem.* Das Anwendungsgebiet umfaßt strukturierte Abläufe im Büro. Ein Ablauf wird als Formularumlauf modelliert [DITT91]. DOMINO basiert auf folgenden vier Annahmen:

- Die Zusammenarbeit findet durch den Austausch von Nachrichten statt.
- Der Nachrichtenaustausch basiert auf einer aufgabenorientierte Konversation.
- Die Koordination des Austauschs erfolgt über Ein-/ Ausgabebeziehungen zwischen den einzelnen elementaren Arbeitsschritten.
- Die Angabe der Ein-/ Ausgabebeziehungen stellt einen "idealen" Vorgang dar. Ausnahmen können im Rahmen der Konversation geregelt werden.

Das Modell basiert auf Petri-Netzen und erlaubt die Spezifikation sequentieller, alternativer und paralleler Beziehungen. Zur Modellierung eines Vorgangs werden den verschiedenen Aktionen "Rollen" zugeordnet. Den Rollen werden zur Ausführungszeit Personen zugewiesen. Die informelle Kommunikation zwischen den Beteiligten wird ebenfalls unterstützt. Das System verfügt über eine graphische adaptive Benutzungsoberfläche, in der sich die Menüs dynamisch anpassen.
Die Modelle von Dokumenten, Prozessen und der Personen basieren nicht auf den standardisierten Modellen des ISO 10303. Das System hat seinen Schwerpunkt im administrativen Bereich und nicht in der Verwaltung von Produktdaten und Methoden der indirekten Bereiche. Die Kooperationsfähigkeit des Systems beschränkt sich auf die Abbildung von Geschäftsprozessen. Die synchrone Bearbeitung von Daten wird nicht betrachtet.

System	Produkt	Dokument	Methode	Teams	Prozeß	Assoziation	Kooperation
DOMINO	○	◐	○	◐	◐	○	◐

○ Basisanforderungen werden praktisch nicht berücksichtigt
◐ Basisanforderungen werden teilweise berücksichtigt
● Basisanforderungen werden nahezu vollständig berücksichtigt

Bild 22: Qualitative Beurteilung des DOMINO Systems

3.4.3 Group Outline Viewing Editor (GROVE)

GROVE ist ein *Mehrbenutzer-Editor* und wurde als Prototyp für synchrone Ideenkonferenzen (Brainstorming) entwickelt [ELGI91]. Jeder Konferenzteilnehmer verfügt über einen eigenen Arbeitsplatzrechner, der den Gruppenkontext vermittelt. Die restlichen Konferenzteilnehmer werden namentlich oder photorealistisch angezeigt. Bei der Kommunikation zwischen räumlich getrennten Konferenzteilnehmern kann zu jedem Zeitpunkt nur ein Benutzer sprechen. Für die gemeinsame Bearbeitung eines Dokumentes wird eine Kopie desselben am Bildschirm angezeigt. Dem Konferenzteilnehmer werden von seinem lokalen Editor Editierfunktionen, wie Einfügen, Löschen, Ausschneiden usw., zur Verfügung gestellt. GROVE arbeitet mit sehr feiner Granularität. Jeder Tastendruck wird als eigenständige Aktion behandelt. Die Aktionen werden über einen zentralen systeminternen Koordinator serialisiert und an alle Konferenzteilnehmer weitergemeldet. GROVE gibt keinerlei Sperrungen vor. Dies eröffnet die Möglichkeit, daß zwei Benutzer an einem Wort oder gar an einem Buchstaben gleichzeitig ändern. Die interne Serialisierung ergibt die gültige Änderung. Grundidee des Weglassens aller Sperren ist die Erprobung neuer Wege in der Zusammenarbeit durch das Team.

Als reiner Editor verfügt GROVE über keinerlei Objektklassen wie Produkt, Dokument etc. (vgl. Bild 23). Die Kommunikationselemente von GROVE wie Sprachübertragung und Visualisierung der Daten sowie seine Funktionalität als Mehrbenutzer-Editor sind für eine Unterstützung von E&K-Teams attraktiv und stellen Entwicklungspotentiale für EDM-Systeme dar.

System	Produkt	Dokument	Methode	Teams	Prozeß	Assoziation	Kooperation
GROVE	○	○	○	◐	○	○	◐

○ Basisanforderungen werden praktisch nicht berücksichtigt
◐ Basisanforderungen werden teilweise berücksichtigt
● Basisanforderungen werden nahezu vollständig berücksichtigt

Bild 23: Qualitative Beurteilung des Systems GROVE

3.4.4 MERMAID

MERMAID [WASA90] ist ein Desktop-Konferenz-System. Es unterstützt den Informationsaustausch in verteilten Echtzeit-Konferenzen (zeitgleich, räumlich getrennt) durch Video- und Sprachübermittlung sowie durch Dokumentenaustausch. Die Konfiguration für jeden Benutzer des MERMAID-Systems besteht aus Arbeitsplatzrechner, Digitalisiertablett, Scanner, Lautsprecher, Mikrophon, und Videokamera.

Über ein Konferenzfenster (*Conference Window*) werden Teilnehmer zu einer Konferenz einberufen bzw. eingeladen. Ein gemeinsames Fenster zum Editieren (*Shared Window*) von Dokumenten erlaubt dieselbe Bildschirmdarstellung für alle Teilnehmer. Die Zugriffsregelung legt fest, welcher Teilnehmer das Änderungsrecht hat. MERMAID stellt private Fenster (*Personal Window*) zur Verfügung, die andere Konferenzteilnehmer nicht einsehen können. Zur Sprachübermittlung sowie zur Darstellung der Konferenzteilnehmer wird ein Videofenster (*Video Window*) aufgerufen. Die Statusanzeige (*Status Window*) blendet alle Teilnehmer mit Bild ein, zeigt an, wer das Zugriffsrecht besitzt und ermöglicht das Öffnen von Fenstern sowie das An- und Abmelden aus der Konferenz.

MERMAID verfügt wie bei GROVE über keine eigenen Objektklassen Produkt, Dokumente etc. Der Schwerpunkt liegt in der Unterstützung von verteilten Echtzeit-Konferenzen. Dezentral arbeitende E&K-Teams könnten durch EDM-Systeme mit einer derartigen Funktionalität eine wesentliche Leistungssteigerung erfahren. Die qualitative Beurteilung gemäß der Bewertungskriterien zeigt Bild 24.

System	Produkt	Dokument	Methode	Teams	Prozeß	Assoziation	Kooperation
Mermaid	○	○	○	◐	○	○	●

○ Basisanforderungen werden praktisch nicht berücksichtigt

◐ Basisanforderungen werden teilweise berücksichtigt

● Basisanforderungen werden nahezu vollständig berücksichtigt

Bild 24: Qualitative Beurteilung von MERMAID

3.4.5 COORDINATOR

COORDINATOR ist ein *konversationsunterstützendes Koordinationssystem* [COOR89]. Es basiert auf einer Spezialisierung des Ansatzes von [WINO86]. Dieser Ansatz geht davon aus, daß jeder Absender einer Nachricht die Absicht hat, beim Adressaten bestimmte Aktionen anzustoßen. COORDINATOR berücksichtigt sieben Gesprächstypen: die *Bemerkung* ist eine informelle Mitteilung. Bei der *Information* will man den Adressaten in Kenntnis setzten und erwartet von ihm eine Bestätigung. Bei der *Frage* werden Informationen erfragt. Das *Angebot* schlägt Aktionen oder Ideen vor. *Aufträge* werden benötigt, um beim Adressaten etwas zu veranlassen. Die *Zusage* bezieht sich auf einen Vorschlag etwas zu erledigen. *Spekulationen* sind zielgerichtete Diskussionen von Ideen. Jede Konversation läuft zielorientiert ab.

COORDINATOR hat die selben Defizite in den Datenmodellen, wie die vorangegangenen Systeme. Die qualitative Beurteilung zeigt Bild 25:

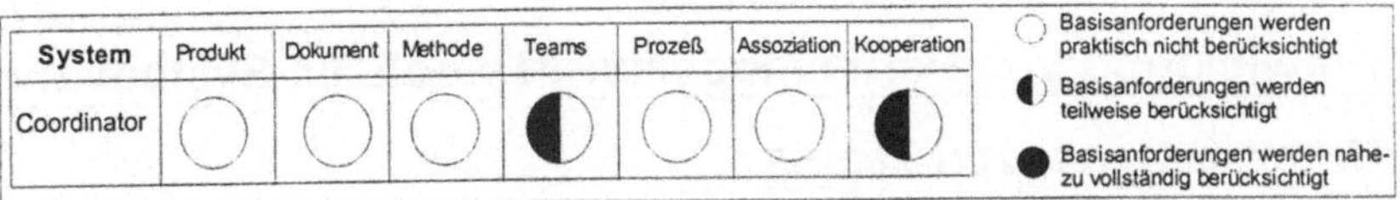

System	Produkt	Dokument	Methode	Teams	Prozeß	Assoziation	Kooperation
Coordinator	○	○	○	◐	○	○	◐

Bild 25: Qualitative Beurteilung von COORDINATOR

Fazit: Die obige Analyse zeigt, daß die Anforderungen an die Partialmodelle auf Basis von STEP bei den betrachteten Systemen nicht vollständig erfüllt werden. Zur Entwicklung des ooEDMS werden die Partialmodelle in der Terminologie von STEP weiterentwickelt, um ein vollständiges, STEP-konformes Modell zu erreichen. Neben den STEP-Basisanforderungen werden zusätzliche Anforderungen an die Partialmodelle des ooEDMS berücksichtigt, die bislang von STEP nicht betrachtet werden.

4 Entwicklung von Partialmodellen des ooEDM-System zur Unterstützung von Teams

Zur Entwicklung des ooEDM-Systems werden in diesem Kapitel die Partialmodelle für die rechnerinterne Abbildung von Informationsobjekten in E&K wie Produkt, Dokument und Methoden, von teamorientierten Organisationsformen sowie von Geschäftsprozessen erstellt. Darüber hinaus werden die Aspekte des kooperativen Arbeitens im Team über die Gestaltung synchroner Konferenzen berücksichtigt.
Die Modellbildung wird maßgeblich durch die Analyseergebnisse und standardisierten Vorgaben in STEP beeinflußt. Es werden wesentliche Erweiterungen gegenüber STEP für die Funktionen eines ooEDM-Systems formuliert. Die verschiedenen Partialmodelle werden in Kapitel 5 zu einer ooEDMS-Referenzarchitektur zusammengeführt.

4.1 Das erweiterte Partialmodell "Produkt" im ooEDMS

In Kapitel 3.1.2 wurde eine Analyse verschiedener Schemas aus ISO 10303 Part 41, 44, und 49 sowie den Applikationsprotokollen AP203 und AP214 durchgeführt, um die Basisanforderungen an ein Partialmodell "Produkt" in einem EDM-System zu definieren. Für die effiziente Unterstützung von E&K-Teams reichen diese Anforderungen nicht aus. Eine kritische Betrachtung des STEP-Ansatzes aus Sicht der E&K-Teams führt zu wesentlichen Erweiterungen.
Im folgenden werden die Basisanforderungen aus Kapitel 3.1.2.1 kurz zusammengefaßt sowie die Schwachstellen des STEP-Ansatzes beschrieben. Anschließend wird der Aufbau des erweiterten Partialmodells "Produkt" für das ooEDM-System dargestellt. Wesentliche ooEDMS-Funktionen für die Produktdatenverwaltung sind in Anhang E.1 aufgeführt.

4.1.1 STEP-Basisanforderungen an das Partialmodell "Produkt"

Die STEP-Basisanforderungen an ein Partialmodell "Produkt" in einem ooEDM-System lauten:

- *Berücksichtigung des Produkt-Kontexts:*
  Die Angabe des Produkt-Kontexts gewährleistet die einheitliche Interpretation von Produktdaten für deren weitere Ver- und Bearbeitung.
- *Erfassung des Produktlebenszyklus:*
  Für die rechnerinterne Abbildung der Lebensphasen eines Produktes sind phasenbezogene Produktdefinitionen zu erfassen.
- *Beschreibung von Verwendungsbereichen eines Produkt-Konzepts:*
  Durch die Angabe von Verwendungsbereichen eines Produktkonzepts können bestimmte Zielgruppen für das Produkt beschrieben werden (z.B.: marketingorientierte Information).
- *Identifikation der Produkte und ihrer Versionen:*
  Jedes Produkt muß zu jedem Zeitpunkt eindeutig identifizierbar und vollständig in seine Komponenten zerlegbar sein. Veränderungen an Produktdaten müssen in neuen "Versionen" des Produktes festgehalten werden.
- *Kategorisierung von Produkten nach betriebsspezifischen Merkmalen:*
  Produkte können nach betriebsspezifischen Kriterien geordnet werden. Gefordert wird eine möglichst hohe Flexibilität beim Aufbau von Kategorien.
- *Definition von verschiedenen Assoziationen innerhalb und zwischen Produkten:*
  Assoziationen bei Produkten sind in (interne) Strukturen sowie (interne und externe) Referenzen zu unterscheiden. Gefordert wird die gleichzeitige Abbildung von Assoziationen mit unterschiedlicher Semantik wie z.B. die funktions-, oder montageorientierte Struktur eines Produktes.
- *Definition von Produktvorgängern:*
  Hierdurch werden diejenigen Produkte oder Materialien erfaßt, die für das aktuelle Produkt verwendet wurden bzw. verändert wurden. Eine Produkthistorie ist daraus ableitbar.
- *Zuordnung alternativer Produkte:*
  Für bestimmte Komponenten eines Produktes können Alternativen verwendet werden. Alternativen verstehen sich als bestmöglicher Kompromiß, falls die Ursprungskomponente nicht verfügbar ist.
- *Beschreibung von Gestaltseigenschaften von Produkten:*
  Produkte lassen sich durch ihre Eigenschaften, wie Gestalt, charakterisieren.

- *Repräsentation (Darstellung) einer Produktgestalt:*

  Mehrere Arten von Repräsentationen einer Produktgestalt sind möglich: Von der einfachen Geometriedarstellung bis hin zu komplexen Darstellungen von Eigenschaften eines Produktes.

- *Erfassung administrativer Daten eines Produktes:*

  Verschiedene STEP-Entitäten beschreiben ein Produkt mit Identifizierung, allgemeiner Beschreibung, Klassifikation etc..

4.1.2 Schwachstellen in STEP beim Partialmodell "Produkt"

Die kritische Betrachtung der STEP-Datenmodelle aus Sicht der E&K-Teams führt zu folgendem Ergebnis:

- *Keine differenzierte Modellierung der E&K-Informationsobjekte:*

  In den Datenmodellen von [STEP41,44,49] sind die E&K-Informationsobjekte "Produkt", "Dokument" und "Methode" miteinander vernetzt. Es erfolgt keine differenzierte Betrachtung in Partialmodellen. Die Verknüpfung und kontextspezifische Anpassung der Partialmodelle ist Aufgabe der Applikationsprotokolle. In der vorliegenden Arbeit werden eigenständige Partialmodelle für die E&K-Informationsobjekte und spezifische Funktionen definiert.

- *Defizite in der begrifflichen Abgrenzung von Produktvarianten und -versionen*

  Im Gegensatz zur STEP-Norm wird in Kapitel 4.1.3.6 eine Unterscheidung von Varianten und Versionen eines Produktes vorgenommen. Neben den Begriffsdefinitionen werden Beispiele von Versionen-Varianten-Beziehungen dargestellt.

- *Keine eindeutige Abbildung der Produkthistorie:*

  Zur Modellierung der Produkthistorie existieren in STEP mehrere Möglichkeiten. a.) durch die Definition einer "Historien"-Beziehung zwischen zwei oder mehreren Produktdefinitionen des gleichen Produktes; b.) durch die Abbildung von Produktvorgängern und c.) durch die Produktversionen. In Kapitel 4.1.3.6 werden u.a. den Assoziationen Zeitparameter (z.B. Gültigkeit) zugeordnet. So sind Assoziationen, die sich über der Zeit verändern, abbildbar.

- *Keine Abbildung der produktinterne Logik:*

  Unter produktinterner Logik werden Assoziationen zwischen (Varianten-) Positionen an verschiedenen Punkten der Erzeugnisstruktur sowie beliebige Assoziationen zwischen beliebigen Komponenten des Produktes zusammengefaßt. Diese Beziehungen werden von STEP bislang nicht berücksichtigt. Einen Beitrag zur Modellierung dieser Logik findet sich in Kapitel 4.1.3.5.

- *Kein Administrationsmodell für Produkte:*

  Die Leistungsfähigkeit eines EDM-Systems hängt direkt mit der "Mächtigkeit" des administrativen Modells zusammen. In STEP ist bislang kein Schema für die Produktdatenverwaltung definiert. In Kapitel 4.1.3.4 wird ein Modell für die Administration von Produktdaten vorgestellt.

- *Konzentration auf die Designphase:*

  STEP betrachtet im Produktlebenszyklusses nur die Designphase. Das in dieser Arbeit beschriebene Modell kann darüber hinaus liegende Phasen mit unterstützen.

Unter Berücksichtigung der genannten Basisanforderungen und Schwachstellen wird im folgenden das Partialmodell "Produkt" für das ooEDMS vorgestellt.

4.1.3 Aufbau des erweiterten Partialmodells "Produkt"

Bild 26 zeigt den Aufbau des Partialmodells "Produkt". Zur besseren Übersicht wurde das Modell in Bereiche unterteilt, die Entitäten thematisch zusammenfassen. Die dunklen Bereiche kennzeichnen die Erweiterung gegenüber den Vorgaben aus STEP. Den Bereichen sind die obigen Ergebnisse zugeordnet.

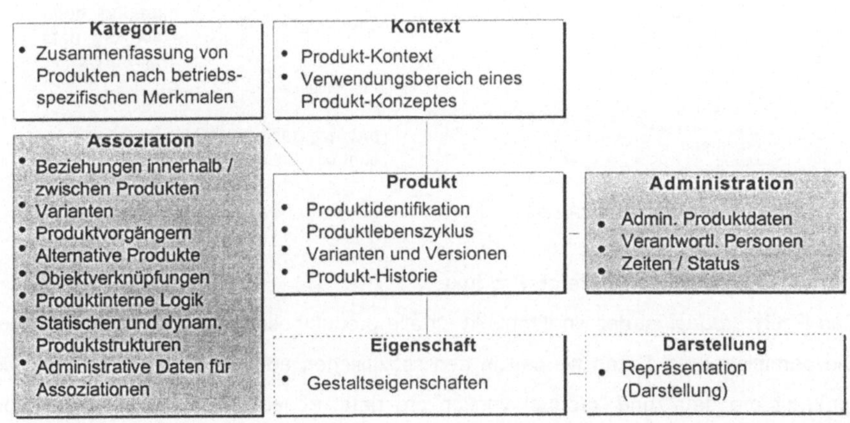

Bild 26: Prinzipieller Aufbau des Partialmodells "Produkt"

In den Bildern 27 und 31 ist das Produktmodell-Schema in EXPRESS-G aufgezeigt. Die Semantik dieser graphischen Notation ist in Anhang C erläutert [STEP11].

Im weiteren Text werden Orginalbezeichnungen der STEP-Norm in *kursiver Schrift* dargestellt, während Erweiterungen in Anführungszeichen gesetzt werden.

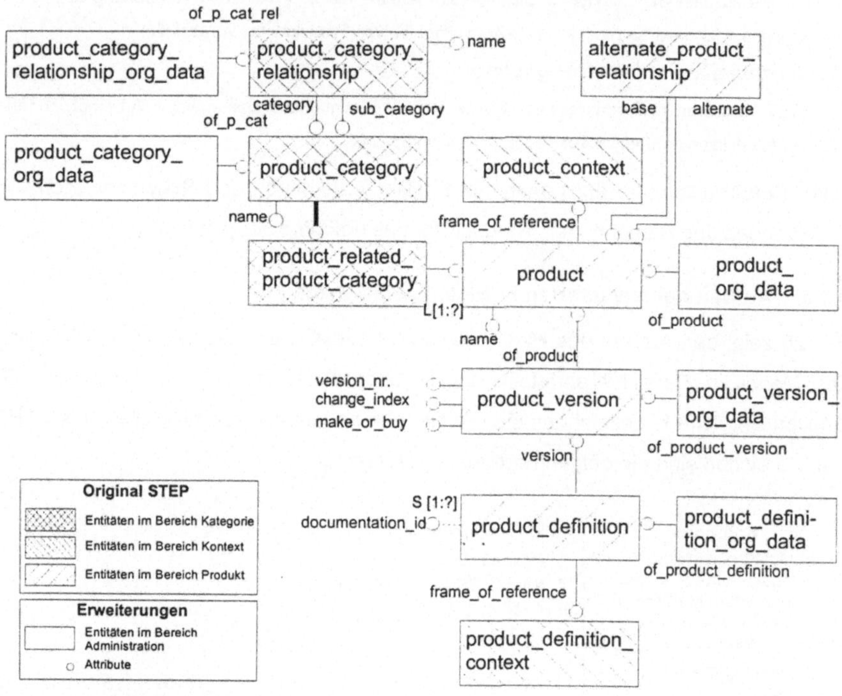

Bild 27: Das Partialmodell "Produkt"

4.1.3.1 Entitäten im Bereich Produkt

Das Entity *product* ist der Knotenpunkt für alle produktbeschreibenden Informationen. Die administrativen Daten werden in den spezifischen administrativen Entitäten, wie "product_org_data" und "product_version_org_data" abgebildet. Beschreibungen von Produktversionen sind dem Entity *product_version* zugeordnet. Um eine differenzierte Modellierung von Änderungen am Produkt zu ermöglichen, wurde das Entity um die Attribute "version_nr." und "change_index" erweitert.

Eine *product_definition* beschreibt die Anforderungen und Eigenschaften einer Produktversion in Abhängigkeit ihres Kontexts. Diese Beschreibung erfolgt im administrativen Modell für Produktdefinitionen ("product_definition_org_data"). Gemäß dem Produktlebenszyklus, der durch das Entity *product_definition_context* beschrieben wird, lassen sich entsprechende *product_definition*-en ableiten.

Zu jedem Produkt können Alternativen festgelegt werden (Entity *alternate_product_relationship)*. Sie entsprechen in Gestalt (*form*), Schnittstellen (*fit*), und Funktionalität (*function*) den Basiskomponenten. Die Zuordnung ist nicht bidirektional, d.h. eine Alternative B eines Produktes A muß nicht A als Produktalternative zu B besitzen. Globale Alternativen auf der Ebene *product* betreffen sämtliche gültigen Versionen.

4.1.3.2 Entitäten im Bereich Kontext

Um in verschiedenen Be- und Verarbeitungsprozessen eine einheitliche Interpretation von Produktdaten zu gewährleisten, ist die Abbildung des Produkt-Kontexts erforderlich. Dies erfolgt durch die Entitäten *produkt_context* und *produkt_definition_context*.

4.1.3.3 Entitäten im Bereich Kategorie

Das Entity *product_category* ermöglicht die logische Zusammenfassung von Produkten nach bestimmten Merkmalen. Die Kriterien und weitere administrative Daten dieser Kategorisierung werden in "product_category_org_data" beschrieben.

Für die Modellierung von Beziehungen zwischen Kategorien sind die Typen *super_categories* und *sub_categories* definiert. *Super_categories* enthalten *sub_ categories*. Offene Netzstrukturen sind mit dem Entity *product_category_relationship* modellierbar. Sie dürfen aber nicht zyklisch aufgebaut werden.

Die Zuordnung von mehreren Produkten zu einer Kategorie wird in der Entität *product_related_product_category* berücksichtigt.

4.1.3.4 Entitäten im Bereich Administration

Das folgende Administrationsmodell bildet die Basis für die Produktdatenverwaltung im ooEDMS. In diesem Modell werden die Anforderungen von teamorientierten Organisationsformen an eine eindeutige Identifizierung, Benennung u.v.m. von Produkten umgesetzt. Die Anforderungen sind in den Tabellen 10 und 11 aufgeführt. Das Administrationsmodell wird von mehreren Entitäten, wie *product, product_version* und *pro-*

duct_definition, verwendet. Diese Entitäten werden im weiteren Text unter dem Begriff "*item*" zusammengefaßt.

Anforderungen	Beschreibung	Entity (in Bild 28)
ident_assignment	Zuweisung einer einmaligen Nummer (Surrogate), einer namentlichen Bezeichnung und einer allg. Beschreibung des Items	"ident_data"
action_assignment	Zuweisung einer Handlung auf das Item	"processed_data"
certification_assignment	Zertifikationszuweisung (z.B. DIN/ISO 9000)	"certificated_data"
approval_assignment	Zuweisung einer Abnahme, Billigung (z.B. Freigabe zur Serienproduktion)	"approval_data"
contract_assignment	Vertragszuweisung (z.B. Auftrag des Kunden)	"contracted_data"
security_classification_ assignment	Sicherheits-Klassifikation-Zuweisung (z.B. Sicherheitsstufen, Zugriffsprivilegien)	"secured_data"
person_assignment	Personenzuweisung (z.B. Rolle der Person und Name)	"team.schema"
organization_assignment	Organisationszuweisung (z.B. Rolle der Org.-Struktur, Projektteam)	"team.schema"
person_and_organization_ assignment	Zuweisung von Name, Org. und Rolle	"team.schema"
date_assignment	Datumszuweisung (z.B. Datum, Rolle des Datums: z.B. Erstellungsdatum)	date_time.schema
time_assignment	Zeitzuweisung (z.B. Zeit, Rolle der Zeit: Erstellungszeit)	date_time.schema
date_time_assignment	kombinierte Zuweisung von Datum und Zeit	date_time.schema
group_assignment	Erfassung beliebige Gruppierungen, Typisierung, oder Kategorisierung der Produktdaten	"grouped_data"

Tabelle 10: Anforderungen an das Administrationsmodell im Partialmodell "Produkt"

Aus der Betrachtung bisheriger Defizite in STEP sowie den Anforderungen der E&K-Teams an die Unterstützung ihrer Arbeit durch ooEDMS, sind in Ergänzung zu Tabelle 10 folgende Kriterien zu berücksichtigen:

Weitere Anforderungen	Beschreibung	Entity (in Bild 28)

"creation_assignment"	Erfassung des Erstellers der Daten, des Erstellungsdatums und des Status des Erstellungsprozesses	"creation_data"
"modify_assignment"	Erfassung von Verantwortlichen einer Änderungen an den Daten, Änderungsdatum.	"modifying_data"
"release_assignment"	Unter *Approval* wird eine "Abnahme" bzw. "Billigung" von Produktdaten verstanden. Dies ist nicht gleichbedeutend einer Freigabe. Hier wird für die Freigabe der/die verantwortlichen Personen, das Freigabedatum und der Status des Freigabeprozesses erfaßt.	"release_data"
"access_assignment"	Im Hinblick auf eine kontrollierte parallele Bearbeitung von Daten ist es erforderlich, die aktuellen Benutzer sowie das Datum der Bearbeitung der Daten zu erfassen.	"use_data"
"archive_assignment"	Erfassung des Zustandes von Daten (z.B. aktiver Bestand, ausgelagert, Langzeitarchiv), der verantwortlichen Personen und Datum der Archivierungsvorgänge	"archive_data"
"back_up_assignment"	Angabe der Sicherungsdaten, Sicherungsstatus, Verantwortlichen, Datum	"back_up_data"
"control_assignment"	Erfassung eines Kontrollverantwortlichen der Daten, das Kontrolldatum und der Status des Kontrollprozesses	"control_data"
"delete_assignment"	Erfassung eines Löschvorganges von Daten mit seinen verantwortlichen Personen und des Datums	"delete_data"
"exchange_assignment"	Bei externen Prozessen ist die Transparenz bzgl. der übermittelten Daten wichtig. Es gilt somit zu erfassen: wer hat welche Daten wann an wen übermittelt	"exchanged_data"
"distribute_assignment"	Bei verteilten Prozessen ist die Erfassung der Verteilerliste, des Datums und des Verantwortlichen für die Verteilung zu erfassen	"distributed_data"

"check_in/out_ assignment"	Hierbei handelt es sich um Kontrolldaten für das Datenbanksystem. Langandauernde Transaktionen in E&K erfordern das "Check-out" von Produktdaten und damit die Sperrung der Daten für weitere Bearbeitungen von anderer Seite	"checkin_out_ data"
"output_assignment"	Erfassung von ausgegebenen Daten (print, display) mit verantwortlichen Personen und Datum	"output_data"

Tabelle 11: Erweitere Anforderungen an das ooEDMS-Administrationsmodell

Bild 28 zeigt das Administrationsmodell in der EXPRESS-G Form. Darin bestehen Verknüpfungen zu weiteren Schemas *team_schema* und *date_and_time_schema*.

Auf das *team_schema* wird in Kapitel 4.4 detailliert eingegangen. Das Ziel dieses Partialmodells ist die Abbildung teamorientierter Organisationsformen.

Das *date_time_schema* ermöglicht die Repräsentation von Datum und Zeit. Diese Werte können beliebigen Objekten zugewiesen werden. Den Zeiten und Daten können unterschiedliche "Rollen" zugeordnet werden, wie "Erstellungsdatum" und "Freigabedatum". Das Schema in EXPRESS-G ist in [STEP41] dargestellt.

Seite 65

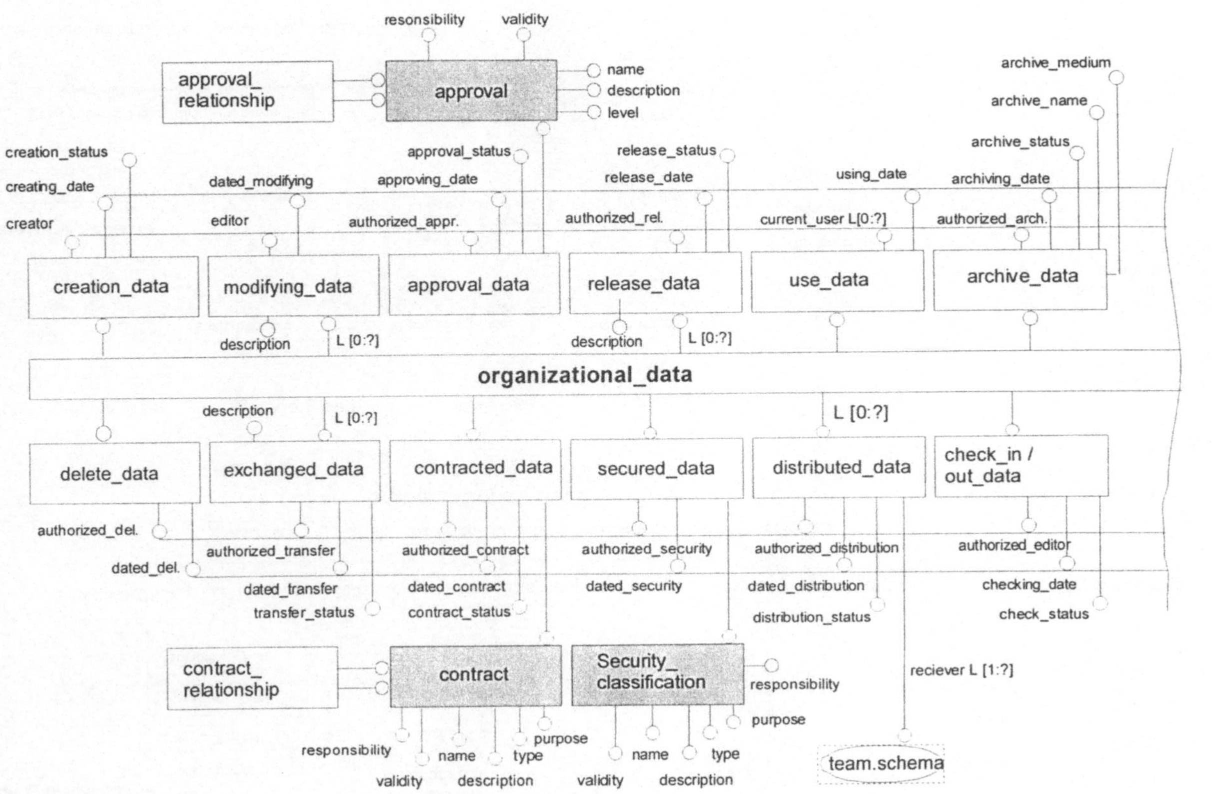

Bild 28: Das Administrationsmodell von ooEDMS (Teil 1)

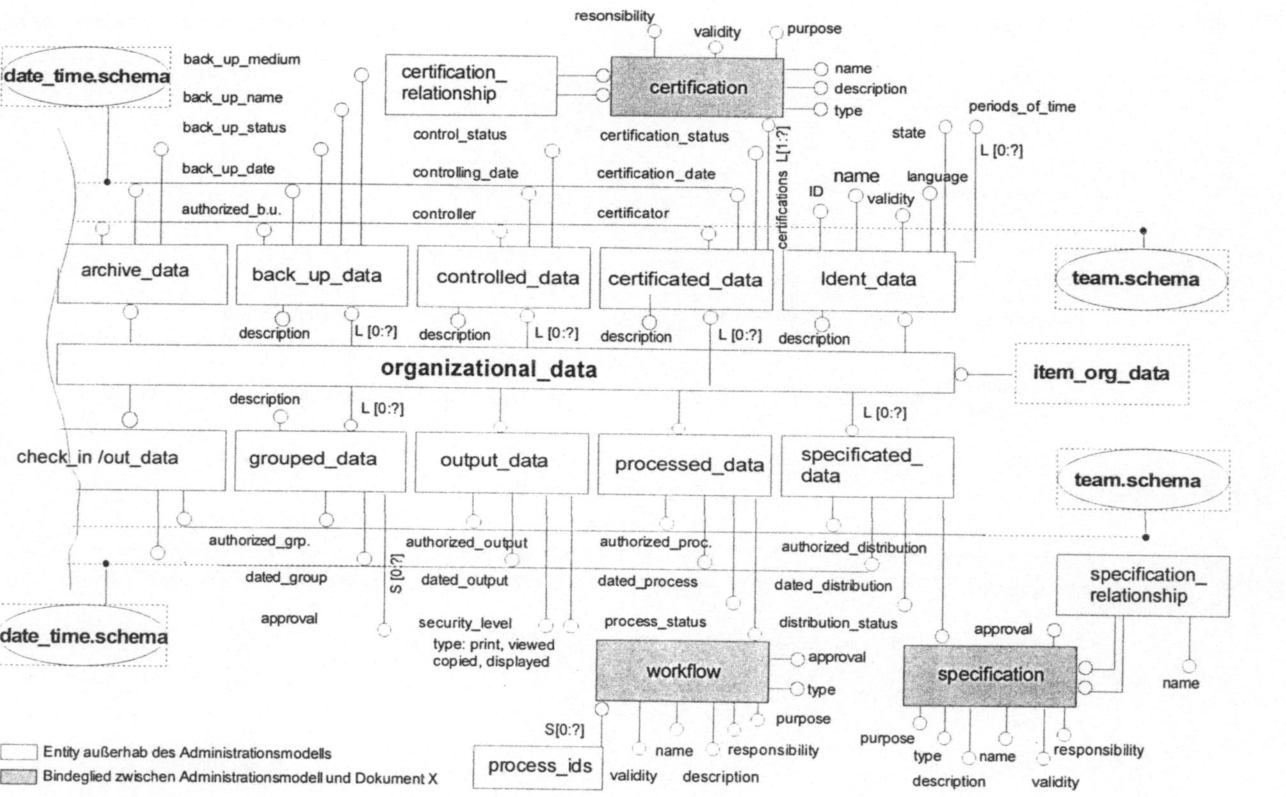

Bild 29: Das Administrationsmodell von ooEDMS (Teil 2)

4.1.3.5 Strukturen und Referenzen im Bereich Assoziation

Assoziationen zwischen Produkten und zwischen anderen Objektklassen können in folgende Arten unterteilt werden:

- die Abbildung von Produkt*strukturen* nach bestimmten Ordnungskriterien (z.B. funktionale bzw. fertigungsorientierte Erzeugnisstruktur). Es werden darin sämtliche Komponenten eines Endproduktes erfaßt.
- die Abbildung von logischen, *der Struktur überlagerten Beziehungen* zwischen Produktdaten. Diese müssen sich nicht auf alle Komponenten eines Endproduktes beziehen.
- Assoziationen zwischen Produkten und anderen Objektklassen, wie Dokumenten, Teams etc., werden in der vorliegenden Arbeit als "*externe Referenzen*" bezeichnet. Sie bilden den logischen Gesamtzusammenhang zwischen den verschiedenen Objektklassen eines bestimmten Kontexts ab.

Bild 30 verdeutlicht diese unterschiedlichen Formen von Assoziationen.

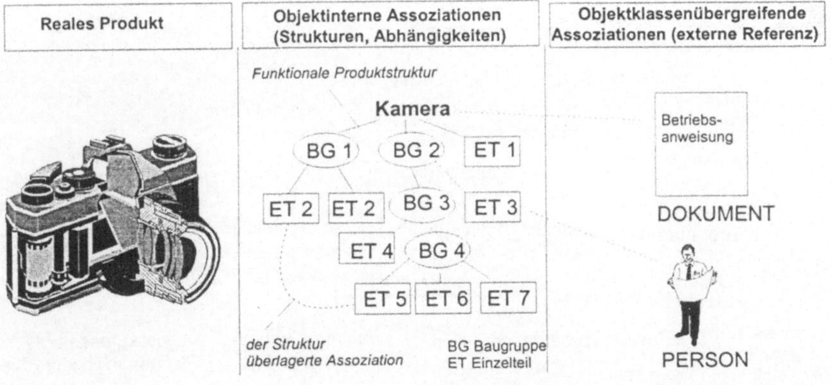

Bild 30: Darstellung unterschiedlicher Assoziationen im ooEDMS

Für die Abbildung der Assoziationen im Partialmodell "Produkt" des ooEDMS werden neue Entitäten eingeführt. Das Entity "product_definition_assoziation" ist die Verknüpfung zwischen Objekten gemäß Struktur bzw. in- und externe Referenzierung:

- Die Produkt*struktur* wird über das Entity "product_definition_structure_relationship" abgebildet. Dieses Entity ist gleichbedeutend dem STEP-Entity *product_definition_relationship.* Die namentliche Änderung betont die Abbildung von Strukturinformationen. Unterschiedliche Struktur-Logiken (z.B. funktional, fertigungsorientiert) sind damit modellierbar. Die Semantik wird in den organisatorischen Partialmodellen der Assoziation "Struktur" beschrieben.
- Beliebige *interne Zusammenhänge* (Referenzierungen) zwischen Produkten werden durch das Entity "product_definition_reference_relationship" abgebildet. Auch hier werden unterschiedliche Ausprägungen der Assoziationen durch organisatorische Partialmodelle beschrieben.
- Im Falle der "*externen Referenzierung*" wird die Assoziation von einem Datum zu einem Datum einer anderen Objektklasse durch das Entity "product_external_objects_relationship" abgebildet.

Bild 31 zeigt die Assoziationsentitäten des Partialmodells "Produkt" in EXPRESS-G:

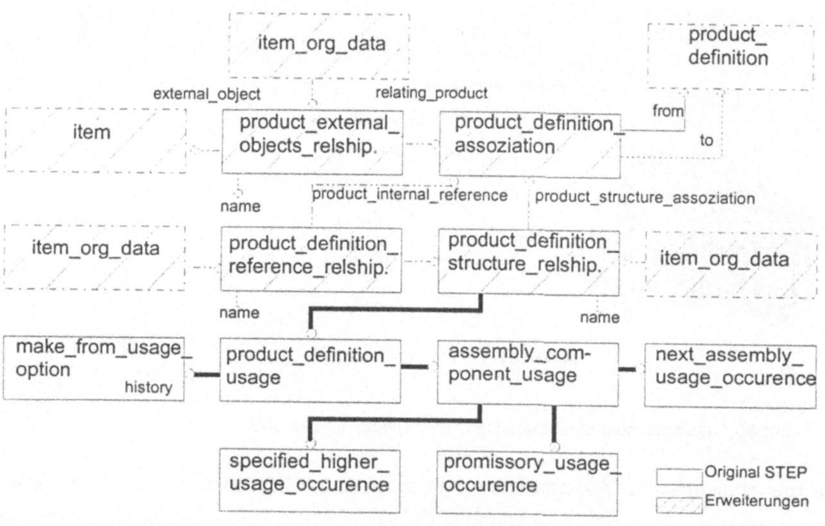

Bild 31: EXPRESS-G Darstellung der Assoziationsentitäten

In den Administrationsentitäten der Assoziationen erfolgt die Zuordnung von Zeitwerten (*date_time*). Sie ermöglichen die Abbildung von logistischen Strukturen. Die "Zeit" ist eine Form einer "strukturellen" Assoziation eines Produktes. Dabei wird die zeitliche Reihenfolge als Ordnungskriterium verwendet. Das Endprodukt ist das letzte Element einer "zeitlichen" Ablaufstruktur.

4.1.3.6 Varianten-, Versionen- und Historien im Bereich Assoziation

In diesem Kapitel wird die Varianten- und die Versionsproblematik von Produkten dargestellt. Eine Lösung zur Modellierung dieser Problemstellung im ooEDMS schließt sich dem Kapitel an.

Varianten

Der Begriff "Varianten" wird in der vorliegenden Arbeit wie folgt festgelegt:

- Varianten treten grundsätzlich zeitgleich auf.
- Sie sind zunächst voneinander unabhängige Objekte, die sich durch verschiedene Ausprägungen des gleichen Merkmals unterscheiden.
- Sie werden erst im Kontext des Endproduktes zu Varianten, durch die Zuordnung von mindestens zwei Objekten an eine Stelle der Erzeugnisstruktur.
- Die Entscheidung, ob bei der Änderung eines Objektes eine neue Variante eingeführt werden soll oder nur der Änderungsindex des Objektes erhöht wird, bleibt dabei dem Benutzer überlassen.

Es wird zwischen drei Variantenarten unterschieden:

- *Varianten 1ter Ordnung* beziehen sich auf die Einzelteilebene. Es sind verschiedene Ausprägungen der Merkmale Geometrie, Gestalt, Oberfläche und Material möglich. Diese Merkmale bestimmen die elementaren Funktionen und das Erscheinungsbild (Design) der Einzelteile. Varianten 1ter Ordnung können in Baugruppen beliebig ausgetauscht werden, ohne das sie die Austauschbarkeit dieser Baugruppe in übergeordneten Baugruppen beeinträchtigen.
- *Varianten 2ter Ordnung* beziehen sich auf die Ebene der Baugruppen. Hier können Einzelteile variieren, die einer Teilefamilie zugeordnet sind. D.h. die Einzelteile besitzen die gleichen Basismerkmale und ergänzend verschiedene Attribute.

Für die Baugruppe ist die Auswahl und Schnittstellengestaltung der Einzelteile wichtig. Bei den Varianten 2ter Ordnung können in Bezug auf die Austauschbarkeit verschiedene Fälle auftreten:

- a.) Die Varianten 2ter Ordnung sind beliebig in der Baugruppe austauschbar, die Baugruppe selbst bleibt in übergeordneten Baugruppen ebenfalls austauschbar (Fall wie bei Varianten 1ter Ordnung)
- b.) Die Varianten 2ter Ordnung sind nicht beliebig in der Baugruppe austauschbar, es entstehen Baugruppenvarianten (Varianten 3ter Ordnung). Für übergeordnete Baugruppen sind diese Baugruppenvarianten aber beliebig austauschbar.
- c.) Die Varianten 2ter Ordnung sind nicht beliebig in der Baugruppe austauschbar, es entstehen Baugruppenvarianten (Varianten 3ter Ordnung). Für übergeordnete Baugruppen sind diese Baugruppenvarianten nicht beliebig austauschbar.

- *Varianten 3ter Ordnung* beziehen sich auf das Endprodukt. An verschiedenen Punkten der Erzeugnisgliederung können ganze Baugruppen alternativ besetzt werden (Baugruppenvarianten). Es sind folgende Fälle zu unterscheiden:
  - d.) Baugruppenvarianten sind für übergeordnete Baugruppen beliebig austauschbar.
  - e.) Baugruppenvarianten sind für übergeordnete Baugruppen nicht beliebig austauschbar. Es entstehen Varianten auf höhere Erzeugnisebene, evtl. bis hin zum Endprodukt.

Varianten-Frame und Varianten-Permutation

Im folgenden werden die Begriffe "Varianten-Frame" und "-Permutation" eingeführt. An einem Knotenpunkt der Erzeugnisstruktur wird ein "Rahmen" (Frame) eingesetzt, der die möglichen Varianten gleicher Ordnung beinhaltet. Dieser "Varianten-Frame" besitzt eine eindeutige Ident- und Versions-Nummer sowie Zeitparameter über seine Gültigkeit (vgl. administratives Modell für den Frame). Für einen bestimmten Zeitraum werden somit die gültigen Variantenpositionen eines Knoten in der Erzeugnisstruktur erfaßt. Eine Änderung in den Variantenpositionen kann zu einer Versionserhöhung beim "Varianten-Frame" führen.

Ein einfaches Beispiel zeigt Bild 32. Hier ist die eingeschränkte Kompatibilität der Varianten A 1,2 zu B 1,2 dargestellt. Zur Bestimmung der erlaubten Kombinationen (Varianten-Permutation) wird die Logik in Form von "wenn-dann-Regeln" erfaßt.

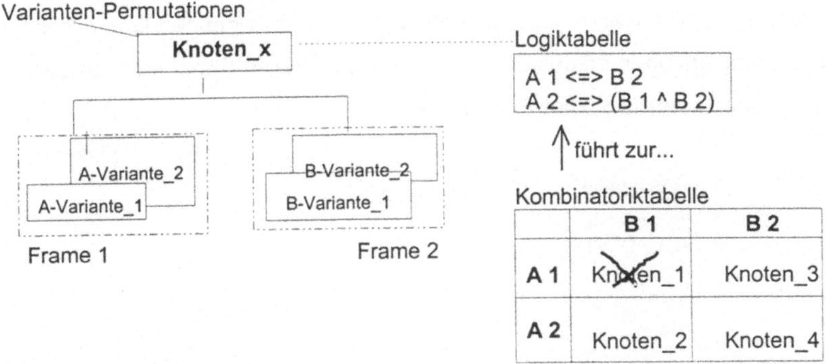

Bild 32: Darstellung der Varianten-Frames und der Varianten-Permutationen sowie die Abbildung der Logik für gültige Kombinationen

Die Logiktabelle für die erlaubten Kombinationen von Varianten wird dem ersten gemeinsamen Vaterknoten in der Erzeugnisstruktur zugeordnet. Die Logiktabelle des Knotenpunktes Z in Bild 33 beinhaltet übergreifende Zusammenhänge zwischen den Knoten X und Y.

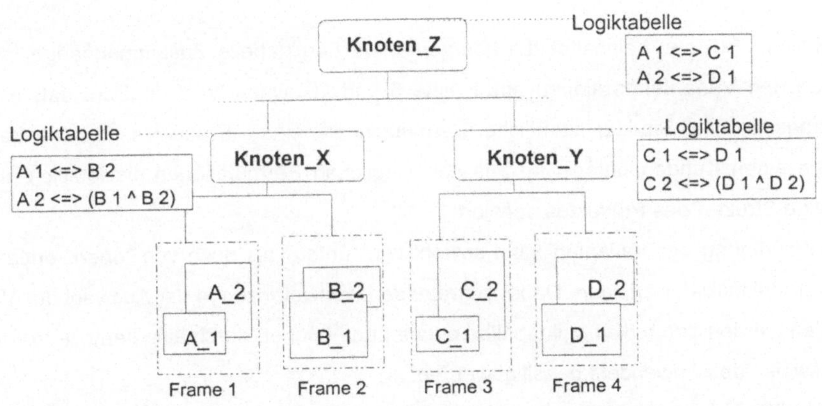

Bild 33: An unterschiedlichen Knoten in der Erzeugnisstruktur treten Permutationen auf.

Neben den obigen "linearen" Zusammenhängen wird im folgenden eine <u>geschachtelte Variantenkombinationen</u> dargestellt. Dies ist der Fall, wenn Permutationen selbst Variantenpositionen innerhalb eines Frames sind.

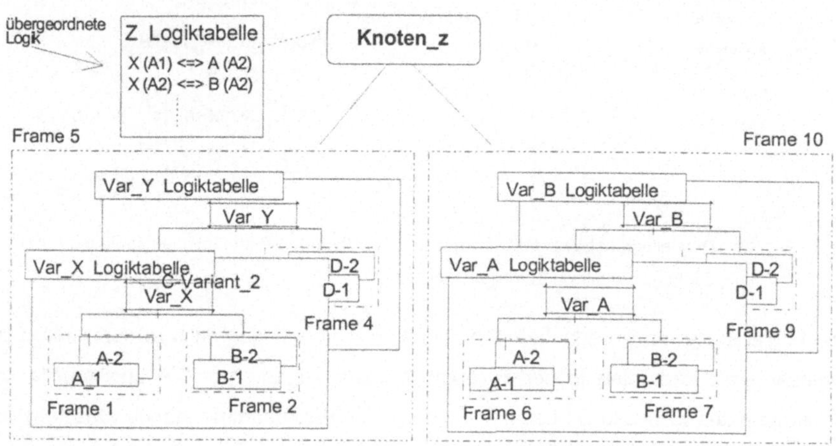

Bild 34: Permutationen als Varianten

In diesem Beispiel beinhaltet die übergeordnete Logiktabelle Zusammenhänge zwischen den Variantenpositionen aus Frame 5 und 10. Damit wird deutlich, daß eine auftragsneutrale Struktur sämtliche Permutationen eines Produktes repräsentiert. Durch einen Kundenauftrag wird aus den möglichen Permutationen die letztlich eindeutige Struktur des Produktes definiert.

Die Festlegung der Varianten kann sowohl von "unten" als auch von "oben" entlang der Produktstruktur erfolgen. Dabei auftretende Inkonsistenzen in der Auswahl der Varianten werden durch die Logiktabellen erkannt und können durch eine iterative Vorgehensweise des Anwenders beseitigt werden.

In Bild 35 sind die relevanten Entitäten für die Modellierung des Frame-Konzepts dargestellt.

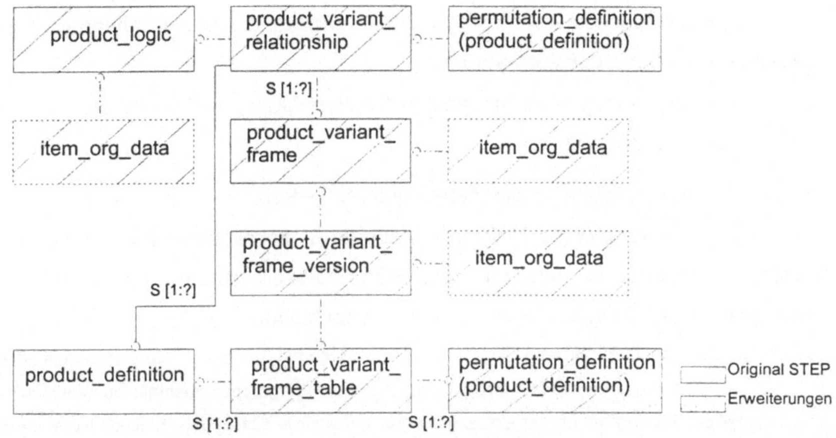

Bild 35: Entitäten für die Modellierung des Frame-Konzepts

An beliebigen Knotenpunkten einer Produktstruktur können Varianten auftreten. Diese werden in einem Frame durch das Entity "product_variant_frame" zusammengefaßt. Die Frames bestehen aus einer Menge von Produkten und/ oder Permutationen von Produkten. Eine Tabelle, die dem Frame zugeordnet ist, erfaßt diese Positionen durch das Entity "product_variant_frame_table". Die strukturelle Assoziation zwischen Frame und Knotenpunkt wird über das Entity "product_variant_relationship" realisiert. Der Knotenpunkt selbst stellt eine Menge von Kombinationen dar, die nach bestimmten Regeln gebildet werden. Das Entity "permutation_definition" ersetzt dann das Entity *product_definition* von STEP. Die Produktlogik mit den gültigen Kombinationen wird in Entity "product_logic" abgebildet.

Versionen

"Versionen" werden in der vorliegenden Arbeit wie folgt definiert:

- Versionen können zeitgleich auftreten, d.h. zu einem bestimmten Zeitpunkt können mehrere Versionen eines Objektes gültig sein.
- Die Art und die Anzahl von relevanten Änderungen an einem Objekt können zu einer neuen Version führen.

- Die "Nichtaustauschbarkeit" des geänderten Objektes in die vorhandene Struktur kann zur Erhöhung der Version führen.
- Versionen sind voneinander abhängige Objekte. Über die Zeit läßt sich eine Historie des Objektes ableiten.

Es werden drei verschiedene Versionsarten unterschieden:

- *Versionen 1ter Ordnung* beziehen sich auf die Einzelteilebene. Hier können relevante Änderungen an den Merkmalen des Einzelteils zu einer neuen Versions-Nummer führen. Folgende Fälle werden unterschieden:
  - a.) Das geänderte Einzelteil ist in der Baugruppe gegenüber seinem Vorgänger austauschbar, die Baugruppe selbst bleibt in übergeordneten Baugruppen ebenfalls austauschbar. In diesem Fall liegt es an der Entscheidung des Verantwortlichen, die Versions-Nummer des Teiles zu erhöhen.
  - b.) Das geänderte Einzelteil ist in der Baugruppe gegenüber seinem Vorgänger nicht austauschbar, es müssen Anpassungen an bestehenden Komponenten und Strukturen in der Baugruppe durchgeführt werden. Bleibt die Baugruppe für übergeordnete Baugruppen aber weiterhin austauschbar, so ist lediglich die Versions-Nummer des geänderten Einzelteils zu erhöhen. Für die im Zuge der Anpassung geänderten Komponenten der Baugruppe gilt Fall A.
  - c.) Das geänderte Einzelteil ist in der Baugruppe gegenüber seinem Vorgänger nicht austauschbar, es müssen Anpassungen an bestehenden Komponenten und Strukturen in der Baugruppe durchgeführt werden. Die angepaßte Baugruppe ist selbst in übergeordneten Baugruppen nicht austauschbar. Auch hier müssen Anpassungen durchgeführt werden. Die Versions-Nummern des Einzelteils und der Baugruppe erhöhen sich.
- *Versionen 2ter Ordnung*: beziehen sich auf die Ebene der Baugruppen. An verschiedenen Punkten der Erzeugnisgliederung können ganze Baugruppen geändert werden. Es sind folgende Fälle zu unterscheiden:
  - d.) Die geänderte Baugruppe ist für übergeordnete Baugruppen beliebig austauschbar. In diesem Fall liegt es an der Entscheidung des Verantwortlichen, die Versions-Nummer der Baugruppe zu erhöhen.
  - e.) Die geänderte Baugruppe ist für übergeordnete Baugruppen nicht beliebig austauschbar. Es sind Anpassungen (Komponenten und Struktur) in der übergeordneten Baugruppe erforderlich. Die Versions-Nummer der geänderten Baugruppe erhöht sich, bei den übergeordneten Baugruppen entscheidet der Verantwortliche. Bei einer Erhöhung der Versions-

Nummer an der geänderten Baugruppe behalten die nicht geänderten Einzelteile bzw. Baugruppen ihre alte Versions-Nummer bei.

- *Versionen 3ter Ordnung* beziehen sich auf die Ebene des Endproduktes. Durch relevante Änderungen oder Technologiesprünge an verschiedenen Einzelteilen bzw. Baugruppen können Versions-Nummer für das Endprodukt erhöht werden. Hierfür existieren keine eindeutigen Regeln. Unternehmensspezifische Marketingstrategien können hierbei einen Einfluß haben, d.h. für den Kunden spürbare Veränderungen am Produkt führen zu einer neuen Produktversion.

Kombination von Varianten und Versionen

Jeder Frame hat eine eigene Versions-Nummer. Die Versions-Nummer des Frames erhöht sich, wenn neue Variantenpositionen (-die ihrerseits versioniert sind-) eingetragen werden. Die Logiktabellen erfassen neben den erlaubten Kombinationen, auch die entsprechenden Versionsnummern der Permutationen. Ein Beispiel zeigt Bild 36.

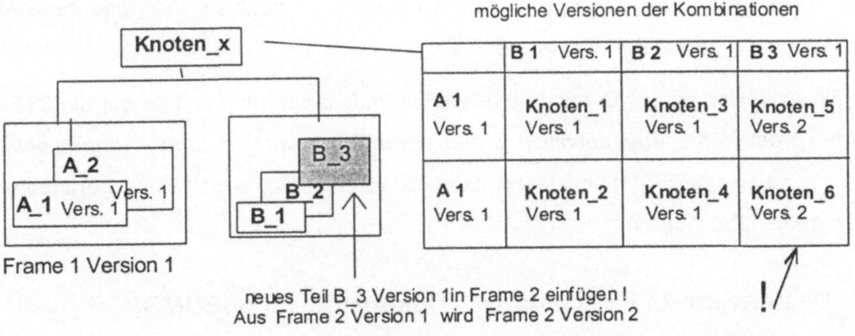

Bild 36: Die Versionsnummern von Permutationen in Abhängigkeit der ausgewählten Varianten

In dem Beispiel erhöht sich die Versions-Nummer des Frame Nr.2 durch das Hinzufügen einer neuen Variante B_3 in ihrer Version 1. Bei sämtlichen Kombinationen mit B_3 erhöht sich die Versionsnurmmer des Knotens. Alle anderen Kombinationen bleiben in der ursprünglichen Version. Bei komplexen Fällen, d.h. wenn Permutationen

selbst Variantenpositionen in einem Frame sind, muß nach den oben beschriebenen Gesetzmäßigkeiten überprüft werden, wie sich die Versionsänderung einer Kombination auf den nächsten Vaterknoten auswirkt. Diese ermittelten Versionsinformationen werden der Logiktabelle des gemeinsamen Vaterknotens zugeordnet
Die Betrachtung von Versionen verändert die Darstellung aus Bild 35 nicht, da die Tabelle "product_variant_frame_table" nur eine Erweiterung für die Abbildung der Versionen erfährt.

Historien

Die Freigabe einer Produktversion bedeutet das Festschreiben einer konkreten Konfiguration für einen bestimmten Zeitraum. Zwischen Versionen existieren Vorgänger / Nachfolgerbeziehungen. Diese können durch das Entity *make_from_usage_option* (vgl. Bild 31) modelliert werden. Eine Auswertung über dieses Entity entlang der V/N-Beziehung führt zur Historie des Produktes. Eine weitere Möglichkeit ist die zeitliche Auswertung gültiger Produktversionen. Dies ist im ooEDMS durch die Erweiterung des organisatorischen Modells möglich. Dadurch werden Produktversionen und ihren Assoziationen Zeitparameter zugeordnet.

Für die Modellierung der Bereiche Eigenschaft und Darstellung sei hier auf die STEP-Norm *product_property_definition_schema* und *product_property_ repräsentation_schema* aus [STEP41] verwiesen, da in der vorliegenden Arbeit keine Veränderungen durchgeführt wurden.

4.2 Das erweiterte Partialmodell "Dokument" im ooEDMS

Zur Unterstützung von teamorientierten Organisationsformen in E&K ist die Verwaltung von Dokumenten durch das ooEDMS eine weitere Anforderung. Nach DIN 6789-T1 ist die "Technische Produktdokumentation" die Gesamtheit aller Dokumente, die während der Lebensphase eines Erzeugnisses entstehen. Dokumente besitzen unterschiedlichen Charakter. So existieren Dokumente, :

- die Randbedingungen bzw. Anforderungen für das (künftige) Produkt enthalten, wie Aufträge oder Spezifikationen. Diese Dokumente sind statisch und besitzen einen steuernden, kontrollierenden Charakter für die Produktentwicklung.
- die eine Interpretation von Produktdaten (z.B. Geometrie und Topologie) sind. Dieser Interpretation liegen Regeln und Algorithmen zugrunde, wie die Berechnung einer 3D-Ansicht eines Produktes. Die Ergebnisse werden in Abhängigkeit der Parameterwerte des Algorithmus generiert und als "Momentaufnahme" in einem "Dokument" dargestellt.
- die eine Auswertung von Assoziationen zwischen Produkt- bzw. Objektdaten sind. Das Ergebnis ist ein Dokument mit Listencharakter. Die Auswertungen von Erzeugnisstrukturen ergeben Stücklisten oder Verwendungsnachweise.
- welche durch die Verarbeitung von Produktdaten mit zusätzlichen Informationen neue produktabhängige Daten repräsentieren, wie das Dokument "Steuerungsprogramm". Es berücksichtigt neben der Produktgeometrie zusätzliche Angaben über Werkzeuge, Materialien, Vorschubrichtungen und Geschwindigkeiten.
- die produktneutral sind und einen zertifizierenden Charakter besitzen, wie Standards, Normen, Gesetze, Vorschriften und Richtlinien, Anweisungen etc..
- die sich nicht direkt auf Produkte beziehen müssen, wie Notizen oder Skizzen. Diese Dokumente dienen der Kommunikation zwischen Beteiligten oder der Ideenfindung; sie sind meist unstrukturiert und unverbindlich.

Im folgenden wird das ooEDMS-Partialmodell "Dokument" beschrieben. Die Erzeugung der Dokumente durch Editoren bzw. leistungsfähige Applikationen mit Layout-, Graphik- und Formatfunktionen wird nicht betrachtet. Für die Entwicklung des Partialmodells sind die Basisanforderungen aus Kapitel 3.1.2.2 sowie die kritische Betrachtung der STEP-Modelle aus Sicht der E&K-Teams zu berücksichtigten.

4.2.1 STEP-Basisanforderungen an das Partialmodell "Dokument"

Die Basisanforderungen aus Kapitel 3.1.2.2 werden kurz zusammengefaßt:

- *Identifikation von Dokumenten*

  Jedes Dokument muß zu jedem Zeitpunkt eindeutig identifizierbar sein.

- *Klassifikation und Typisierung von Dokumenten*

  Eine Klassifizierung von Dokumenten in STEP beschreibt Dokumente mit verschiedenen Qualitätsstandards der Klasse A, B oder C. Die Typisierung in STEP beschreibt formale Standards

- *Verwaltung von Dokumenten unterschiedlicher Medien*

  Dokumente auf unterschiedlichen Medien, wie Papier-, Mikrofilm oder digitale Speicherung, werden in STEP als computer-interpretierbar bzw. nicht interpretierbar gekennzeichnet.

- *Definition von Assoziationen zwischen Dokumenten*

  Die Assoziationen bei Dokumenten in STEP ermöglicht die Abbildung von hierarchischen Dokumentenstrukturen, von Referenzierungen zu anderen Dokumenten, wie Spezifikationen, Verträge etc., sowie von Referenzierungen zu Produkten.

- *Inhaltliche Erfassung wesentlicher Textpassagen eines Dokumentes*

  In STEP können Textpassagen eines Dokumentes durch entsprechende Entitäten erfaßt werden. Diese stehen für weitergehende Auswertungen (z.B. Text-Wiederfindung) zur Verfügung.

- *Erfassung administrativer Daten von Dokumenten*

  Die Qualität des Administrationsmodells ist für die Verwaltungsfunktionen des ooEDMS entscheidend. Die Bezeichnung und Benummerung von Dokumenten in STEP sind minimale administrative Beschreibungen.

4.2.2 Schwachstellen in STEP- beim Partialmodell "Dokument"

Es lassen sich folgende Defizite der untersuchten STEP-Schemas feststellen:

- *Keine Trennung zwischen inhaltlicher Erfassung eines Dokumentes, seinem internen Aufbau und seinem Layout*

  Die Schemas aus [STEP 41, 203, 214] bieten bisher kein differenziertes Konzept für die Erfassung und Verwaltung dokumentenspezifischer Anforderungen, wie sie in der SGML-Norm aufgeführt sind. Die SGML-Norm faßt Dokumente als logische Konstrukte von definierten Elementen (Text, Paragraphen, Bilder etc.) auf. Diese Elemente sind in Abhängigkeit des Dokumententyps in eine bestimmte Struktur eingebunden: ein Brief hat beispielsweise immer die Elemente Empfänger, Text und Absender. Das Layout bzw. die Formatierung stellen Prozeduren da, die auf die Elemente angewendet werden. SGML verwendet sog. *mark-up's,* um Elemente für Prozeduren zu markieren. Das Prinzip der Trennung von Inhalt und Struktur von Layout und Format muß im Partialmodell "Dokument" bei bestimmten Dokumententypen (z.B. Text, Reports) berücksichtigt werden.

- *Keine Kategorisierung von Dokumenten*

  Kategorien von Dokumenten müssen nach spezifischen Kriterien gebildet werden, wie z.B. Normen, Aufträge, Spezifikationen, Zeichnungen, Listen (Stücklisten, Teileverwendung), u.v.m. Das Partialmodell "Dokument" muß die Zuordnung von Dokumenten in verschiedene Kategorien und Klassen unterstützen.

- *Keine Versionierung von Dokumenten*

  Änderungen an Dokumenten sind auch ohne direkten Bezug zum Produkt möglich. Bisher werden in STEP keine zeitlichen Angaben über die Gültigkeit eines Dokumentes vorgenommen. Dies bildet die Basis für eine Versionierung von Dokumenten.

- *Keine Abbildung der Dokumentenhistorie*

  Die fehlende Versionierung von Dokumenten verhindert die Auswertung einer Historie.

- *Kein Administrationsmodell für die Dokumentenverwaltung*

  Außer der Erfassung der Dokumenten-Benummerung, des -namens und -typs sowie einer Beschreibung über den Verwendungszweck von Dokumenten erfolgt keine differenzierte Betrachtung weiterer administrativer Angaben.

4.2.3 Aufbau des erweiterten Partialmodells "Dokument"

Aus den genannten Anforderungen und unter Berücksichtigung der Schwachstellen wird im folgenden das ooEDMS-Partialmodell "Dokument" beschrieben. Bild 37 zeigt den prinzipiellen Aufbau. Die hervorgehoben Bereiche kennzeichnen die wesentlichen Erweiterungen gegenüber den dokumentenbezogenen Schemas in [STEP41, 44, 203, 214].

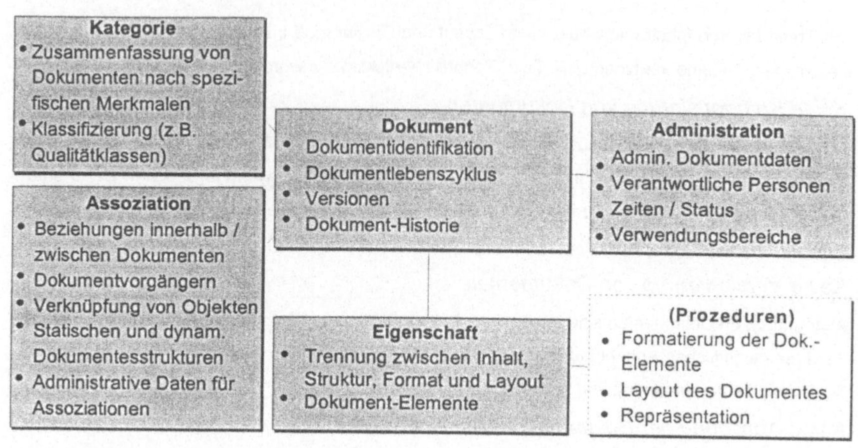

Bild 37: Prinzipieller Aufbau des Partialmodells "Dokument"

Der Bereich "Prozeduren" ist hier mit aufgeführt. Das Layout eines Dokumentes, seine Formatierung und die Darstellung sind jedoch Funktionen von Applikationen. Sie werden im Rahmen der Entwicklung des ooEDMS-Partialmodells "Dokument" nicht näher betrachtet.

Das Partialmodell in EXPRESS-G ist in den Bilder 38, 39 und 40 dargestellt.

4.2.3.1 Entitäten im Bereich Dokument

Das Entity "document" repräsentiert ein Dokument. Administrative Daten hierzu werden über "document_org_data" erfaßt. Eine Dokumentenversion (Entity "document_ version") repräsentiert ein Dokument mit einer signifikanten Änderung zum Vorgängerdokument. Über die administrativen Daten ("document_version_org_ data") werden u.a. die Gültigkeit des Dokuments sowie dessen verantwortliche Personen erfaßt. Das Entity "document_definition" beschreibt die spezifischen Eigenschaften und Randbedingungen einer Dokumentenversion. Auch hier werden im zugeordneten administrativen Modell ("document_definition_org_data") detaillierte Verwaltungsinformationen mit abgebildet. Über das Entity "document_definition" werden Assoziationen zu Dokumenten und zu weiteren Partialmodellen aufgebaut (vgl. Kapitel 4.2.3.3).

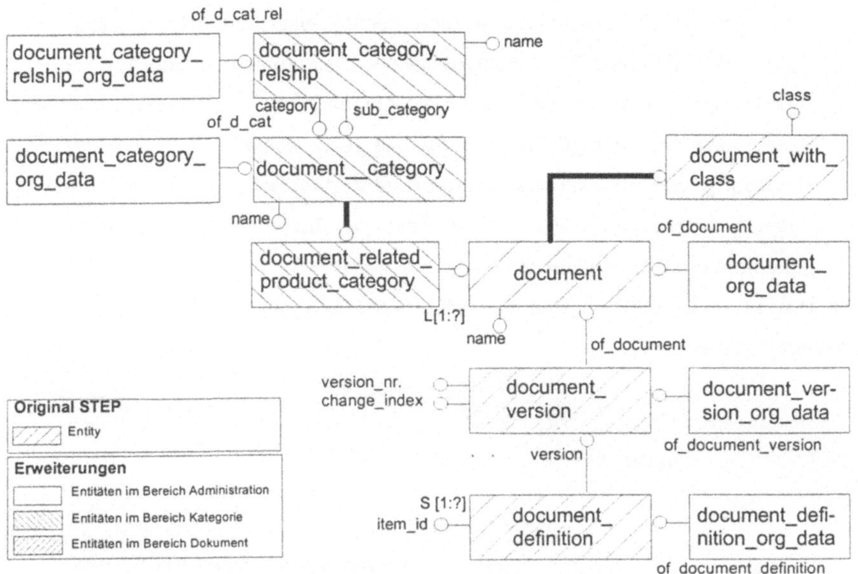

Bild 38: Das ooEDMS-Partialmodell "Dokument" (Teil 1)

4.2.3.2 Entitäten der Bereiche Administration und Kategorie

Das Administrationsmodell für Produkte aus Kapitel 4.1.3.4 ist auf die Objektklasse "Dokument" vollständig übertragbar.

Das Prinzip der Produktkategorisierung von ist ebenfalls für Dokumente geeignet. Zur Unterscheidung werden die Entitäten namentlich angepaßt. (z.B. *product_category* -> "document_category" in Bild 38). Zusätzlich kann über das Entity *document_with_class* die Klassifizierung von Dokumenten abgebildet werden (z.B. Dokumente der Qualitätsklasse A, B oder C).

4.2.3.3 Entitäten im Bereich Assoziation

Die nachfolgenden Entitäten (vgl. Bild 39) dienen zur Modellierung von Assoziationen bei Dokumenten, zur:

- Abbildung einer hierarchischen Dokumentenstruktur. Diese Form kann beispielsweise zum Aufbau von gesamten Produkt- bzw. Projektdokumentationen verwendet werden. Die Dokumente werden gemäß einer unternehmensspezifischen Semantik strukturiert ("document_definition_structure_relationship").

- Abbildung von Referenzen, d.h. von beliebigen Zusammenhängen zwischen Dokumenten ("document_definition_reference_relationship").
- Abbildung von partialmodell-übergreifender Assoziation ("document_external_ objects_relationship"), wie beispielsweise der Zusammenhang eines Produktes zu einem bestimmten Dokument.

Die obigen Assoziationen sind spezielle Ausprägungen des Entities "document_-definition_assoziation".

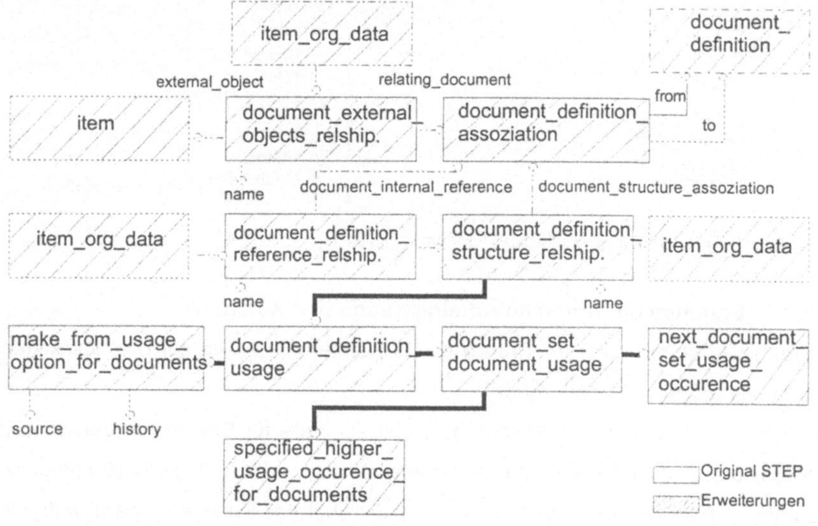

Bild 39: Entitäten zur Modellierung von Assoziationen im Partialmodell "Dokument" (Teil 2)

In Analogie zum Produktmodell werden über das Entity "make_from_usage_ option_for_documents" Vorgängerbeziehungen zu Ursprungsdokumenten abgebildet. Über das Entity "document_set_document_usage" erfolgt die Zusammenfassung von Dokumenten in einem "Paket". Ein Dokument kann in unterschiedlichen "Paketen" enthalten sein. Hierfür wird die Entität "next_document_set _usage_occurence" eingeführt. Gehen verschiedene "Pakete" ihrerseits wiederum in ein übergeordnetes "Paket" und möchte man gezielt einem Dokument seine Besonderheit im übergeordneten Paket zuschreiben, wird das Entity "specified_higher_ usage_occurence_for_document" verwendet.

4.2.3.4 Entitäten im Bereich Eigenschaft

Die SGML-Norm [SGML86] fordert die Trennung zwischen Inhalt, Struktur sowie Format und Layout eines Dokumentes. Mit Hilfe von Markierungen werden relevante Elemente eines Dokumentes hervorgehoben und stehen für eine weitere Be- und Verarbeitung zur Verfügung. Diesem Ansatz soll durch neue Entitäten im Bereich Eigenschaft entsprochen werden. Während das Administrationsmodell Angaben wie Dokumententyp, Name, Erzeuger, Erstellungsdatum, Gültigkeitswerte, Ländersprache, Medium und physikalischer Ort erfaßt und damit die Grundlage für eine Verwaltung von Dokumenten darstellt, zielt dieses Schema auf die Modellierung inhaltlicher Elemente wie Titel, Inhaltsbeschreibung, Schlüsselwörter, Synonyme, etc. Neben diesen rein textuellen Elementen werden auch Graphik, Bilder, Video- und Sprachsequenzen als markierbare Elemente eines Dokumentes zugelassen. Die Formatierung und das Layout sind Prozeduren, die auf diese Elemente angewendet werden können. Sie stehen aber nicht zur näheren Betrachtung an. Bild 40 verdeutlicht das Partialmodell.

Das Entity *document_usage_contraint* verweist auf Elemente, die zur Beschreibung eines Dokumentes gekennzeichnet sind. Verschiedene "document_elements" werden über das Entity "document_element_related_document" als beschreibende Menge von Elementen für das Dokument zusammengefaßt. Jedes "document_element" wird über sein administratives Modell "item_org_data" beschrieben. Digitale Dokumente können aus Elementen verschiedener Applikationen bestehen. Für eine Unterscheidung des Informationsgehaltes dienen die Entitäten *file_type*, *code_type* und *format_and_version*. Einem Dokument-Element wird somit eine bestimmte Applikation und ein bestimmtes Format mit einem bestimmten Inhalt (in "item_org_data") zugeordnet.

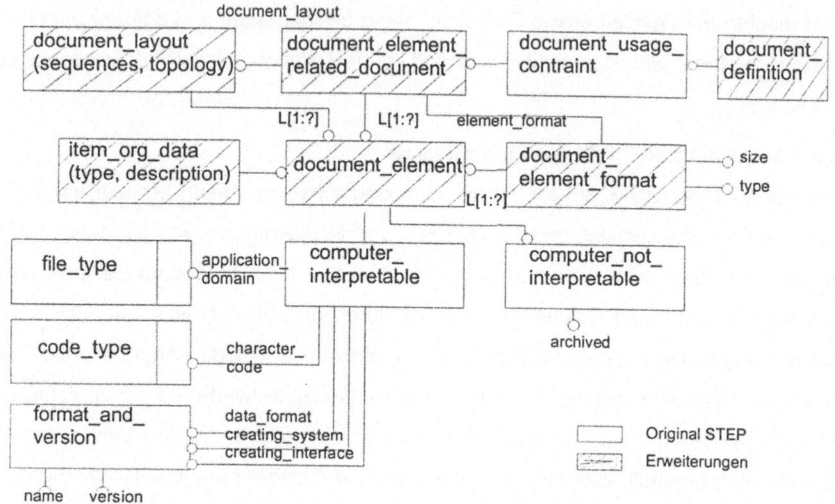

Bild 40: Entitäten zur Modellierung von Dokument-Eigenschaften im ooEDMS-Partialmodell "Dokument" (Teil 3)

Eine derartig differenzierte Betrachtung von Dokumenten erlaubt umfangreiche Funktionen im ooEDMS, wie Auswertung von Textsequenzen, deren Wiederverwendung und die inhaltliche Suche in Dokumenten.

4.3 Das erweiterte Partialmodell "Methoden" im ooEDMS

E&K-Teams begründen die Einführung und Verbesserung von strukturierten Vorgehensweisen mit der Steigerung der Effizienz und Effektivität der innerbetrieblichen Abläufe, der Erhöhung der Produktqualität sowie der Sicherung des Team bzw. Unternehmens-Know-Hows [FISC93], [SEYF93].

Diese Vorgehensweisen bzw. ihre Beschreibungen sind durch ein Partialmodell "Methoden" abzubilden und im ooEDMS zu verwalten. Neben Produkten und Dokumenten bilden "Methoden" somit ein weiteres Partialmodell im ooEDMS für die Unterstützung der E&K-Teams.

Für die Definition des Begriffs "Methode" wird das nachfolgende vierstufige Qualitätsmodell von [HEN92] verwendet. Über die beispielhaften Lösungsansätze je Stufe liegen bereits umfangreiche Erkenntnisse in Forschung und Praxis vor, die im Rahmen dieser Arbeit nicht weiter vertieft werden.

- *Kernbereich: Unternehmenskultur*

  "Kundenorientierung" steht für jedes Unternehmen derzeit im Mittelpunkt. Die Verinnerlichung von internen und externen Kundenanforderungen bei jedem Mitarbeiter, die Art und Weise der Kommunikation und des sozialen Verhaltens, sowie die am Kundennutzen ausgerichteten Prozesse sind Grundbausteine einer modernen Unternehmenskultur [HAMM94], [BOST93].

- *Erste Schale: Philosophien*

  In der ersten Schale sind "Philosophien und Denkweisen" aufgeführt, die den größten Einfluß auf das moderne Qualitätsdenken haben. Diese Philosophien liefern die theoretischen Inhalte einer unternehmensweiten Qualitätssicherung. Konkrete Ansätze zur praktischen Umsetzung sind von der individuellen Interpretation der Programme abhängig [DEM82], [JUR51], [FEIG86], [ISHI85], [CROS86].

- *Zweite Schale: Strategien und Verfahren:*

  Die zweite Schale beschreibt "Strategien und Verfahren" der Qualitätserzeugung. Sie besitzen ebenfalls theoretischen Charakter, stellen aber für bestimmte Einsatzgebiete im Unternehmen konkrete praktische Ansätze zur Erzeugung von Qualität zur Verfügung. Interpretationen erlauben die Übertragung der Konzepte auf unterschiedliche Problemstellungen [BREN91], [PFEIF91], [BUR92], [ZIB90].

- *Dritte Schale: Methoden und Werkzeuge:*

  In der dritten Schale sind "Methoden und Werkzeuge" sowie deren Anwendungen zugeordnet. Methoden und Werkzeuge sind "Spezialisten", d.h. Problemlöser für eindeutig beschriebene Aufgabenstellungen. Methoden werden als ein in Regeln gefaßtes Vorgehen zur Lösung dieser Aufgabenstellung betrachtet. Diese Definition beinhaltet die effektive Vorgehensweise zur Lösungsfindung. Die Interpretation der methodischen Abläufe ist stark eingeschränkt [OSB57], [BLÄ88], [TAG89], [SON91].

Der Übergang zwischen den einzelnen Schalen ist fließend. Die vorliegende Arbeit konzentriert sich auf die Modellierung von "Methoden" (3te Schale) sowie die Definition von Funktionen des ooEDMS auf dieses Partialmodell.

Im folgenden werden die STEP Basisanforderungen sowie die Schwachstellen aus Sicht der E&K-Teams an das Partialmodell "Methoden" beschrieben.

4.3.1 STEP-Basisanforderungen an das Partialmodell "Methoden"

Wie in Kapitel 3.1.2.3 beschrieben, definiert die STEP-Norm für Methoden bislang nur zwei Entitäten (*action_method* und *action_method_relationship*) im Rahmen des *action_schema* aus ISO 10303-Part 41. Zusammengefaßt ergeben sich folgende Basisanforderungen an das Partialmodell "Methoden":

- *Eindeutige Identifikation von Methoden*

  Im Zusammenhang mit der Rückverfolgbarkeit und Transparenz eines Produktentwicklungsprozesses müssen Methoden jederzeit eindeutig identifizierbar sein.

- *Erfassung der Charakteristik von Methoden*

  Zur Charakterisierung einer Methode zählt die inhaltliche Beschreibung sowie die Einschätzung von Auswirkungen durch den Methodeneinsatz.

- *Definition von Assoziationen zwischen Methoden und zu anderen Objekten*

  Methoden stehen mit anderen Methoden bzw. Partialmodellen in Beziehung. Gefordert wird die Modellierung von verschiedenen Assoziationen zwischen Methoden und beliebigen weiteren Modellen, wie z.B. Produkt.

- *Erfassung administrativer Daten von Methoden*

  In STEP werden bislang nur die Methodenbezeichnung, eine allgemeine -beschreibung sowie die Angabe des Zwecks im Rahmen administrativer Informationen erfaßt. Es erfolgt bislang keine Modellierung weiterer administrativer Informationen

4.3.2 Schwachstellen in STEP beim Partialmodell "Methoden"

Aus Sicht der E&K-Teams resultieren daraus folgende Schwachstellen:

- *Kein vollständiges Administrationsmodell für Methoden*

  Für Methoden wird ein Administrationsmodell gefordert, das verschiedene Zuordnungen wie Personen, die mit der Methode arbeiten, die Angabe von Gültigkeitsbereichen u.v.m. beinhaltet.

- *Keine Versionierung und Historie von Methoden*

  Methoden werden von E&K-Teams entwickelt, verfeinert und angepaßt. Dies entspricht einer "Versionierung" von Methoden, die im Partialmodell berücksichtigt werden muß. Für Methoden werden in STEP keine Entwicklungsschritte erfaßt. Durch die fehlende Versionierung ist die Historie einer Methode (Methodenentwicklung) nicht möglich.

- ***Keine Erfassung des Methoden-Kontexts***

  Methoden sind zur Lösung von Aufgabenstellungen eines bestimmten Kontexts geeignet. Die Erfassung des Methoden-Kontexts dient zur schnellen Ermittlung potentieller Lösungsansätze.

- ***Keine Bewertung von Methoden***

  Es müssen Kriterien zur Bewertung von Methoden (Meßgrößen) im Partialmodell abgebildet werden, um kontextspezifische Erfahrungswerte zu erfassen.

- ***Keine Abbildung von Methodenkategorien***

  Die Kategorisierung von Methoden dient zum Aufbau von "Werkzeugkästen" für ähnlich gelagerte Problemstellungen. Neben der Erfassung des Kontexts dienen Kategorien als Ordnungskriterien.

- ***Keine Individuelle Konfiguration von Methoden***

  Methoden werden auf den Anwendungsfall bezogen konfiguriert. Diese individuellen Ausprägungen entsprechen "Methodenvarianten". Wichtig für das Datenmodell ist die Beschreibung dieser unterschiedlichen Konfigurationen. Individuelle Ausprägungen von Methoden werden in STEP nicht modelliert.

4.3.3 Aufbau des erweiterten Partialmodells "Methoden"

In diesem Kapitel wird das ooEDMS-Partialmodell "Methoden" beschrieben. Bild 41 zeigt den prinzipiellen Aufbau. Die dunklen Bereiche kennzeichnen die Erweiterungen zu STEP.

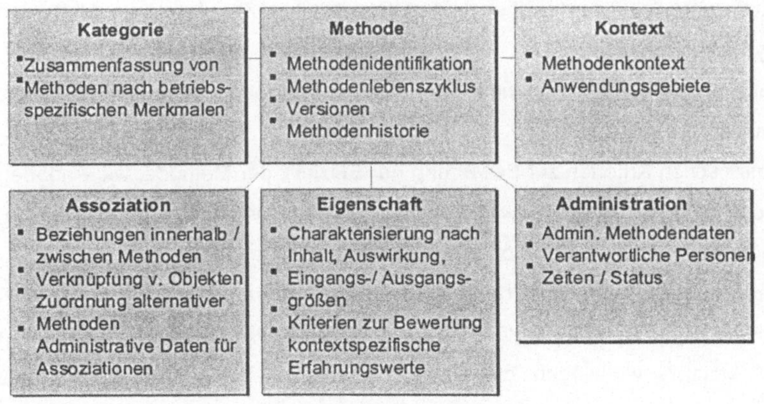

Bild 41: Prinzipieller Aufbau des Partialmodells "Methoden"

4.3.3.1 Entitäten der Bereiche Kategorie, Administration, Methode, Assoziation und Kontext

Die Prinzipien der Produktkategorisierung von, die Verwaltung von beschreibenden Daten durch das Administrationsmodell, die Modellierung des Kontexts und von Assoziationen (vgl. Kapitel 4.1.3) sind auf das Partialmodell "Methoden" übertragbar. Aufgrund dieser Analogie zu den bereits beschriebenen Modellen ist das Partialmodell im Anhang D dargestellt und erläutert.

Aufgrund der spezifischen Erweiterungen im Partialmodell "Methoden" wird im folgenden auf den Bereich "Eigenschaften" näher eingegangen.

4.3.3.2 Entitäten im Bereich Eigenschaft

Zur Modellierung der Eigenschaften von Methoden wird das "method_property_ definition_schema" beschrieben. Bild 42 zeigt den Aufbau des Schemas. Relevante Kriterien zur Charakterisierung einer Methode sind

- die Inhaltsbeschreibung der Methode, in der die Schwerpunkte und das Vorgehen für die Anwendung der Methode aufgeführt sind,
- die Formulierung der Ziele und der zu erwartenden Auswirkungen durch den Methodeneinsatz (bisherige Kriterien bildet Entity "content_aspect" ab),
- die Auflistung der erforderlichen Hilfsmittel und ihre Zuordnung zu Methoden (Entity "ressource_aspect"),
- die Beschreibung der Eingangs- und Ausgangsgrößen der Methode (Entity "I/O_aspect"),
- die spezifischen Kriterien zur Bewertung der Effizienz der Methode, wie Angaben über den zu erwartenden Aufwand an Zeit, an Mitarbeitern, deren Qualifikation, sowie weitere beliebige Meßgrößen (Entity "evaluation_aspect"), sowie
- bisherige kontextspezifische Erfahrungswerte des Unternehmens z.B. wann stellt sich der Erfolg ein?, welche Störungen sind riskant?, welche Ergebnisse wurden bisher erzielt?, wo liegen die Vor- und Nachteile der Methode? (Entity "experience_aspect").

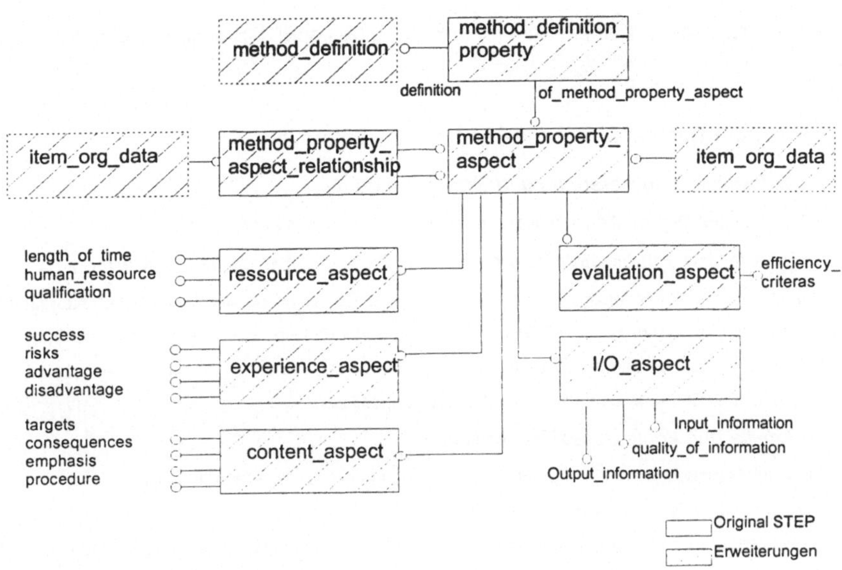

Bild 42: Entitäten des Bereichs Eigenschaft im Partialmodell "Methode" (method_property_definition_schema)

Die Funktionen des ooEDMS-Systems für dieses Partialmodell sind in Anhang E.3 aufgeführt.

4.4 Das erweiterte Partialmodell "Teams" im ooEDMS

In betrieblichen Leistungserstellungsprozessen besitzen die beteiligten Personen definierte Verantwortungsbereiche und Kompetenzen. Sie sind z.B. für bestimmte Bereiche, Aktivitäten und Entscheidungen zuständig und stehen über organisatorischen Strukturen miteinander in Beziehungen (z.B. Projektteam, Firmenorganisation) [GOM92], [GRO82]. Das ooEDMS-Partialmodell "Teams" berücksichtigt neben der Modellierung einzelner Personen auch die Abbildung von Rollen sowie von organisatorischen Strukturen. Für die Herleitung des Partialmodells werden die Basisanforderungen aus Kapitel 3.1.2.4 berücksichtigt. Daran schließt sich die kritische Betrachtung der STEP-Schemas sowie die Darstellung des erweiterten Partialmodells in seinem Aufbau an. Die spezifischen Funktionen des ooEDMS befinden sich in Anhang E.4.

4.4.1 STEP-Basisanforderungen an das Partialmodell "Teams"

- *Identifikation von Personen und Organisationen*

  Personen und Organisationen müssen jederzeit eindeutig identifizierbar sein.

- *Modellierung von hierarchischen und quasistatischen Organisationsformen*

  Quasistatische Organisationsformen sind über längere Zeiträume konstant, wie die Aufbauorganisation eines Unternehmens. In STEP werden Organisationen keine Zeitparameter für ihre Gültigkeit zugeordnet. Sie werden somit als quasistatisch betrachtet. Hierarchische Organisationsstrukturen werden in STEP durch Eltern/Kind-Beziehungen abgebildet.

- *Modellierung kontextspezifischer Rollen*

  Eine differenzierte Modellierung von Rollen für Personen, für Personen in Organisationen und für Organisationen selbst, entkoppelt die Funktionen zur Leistungserstellung von den ausführenden Einheiten. Eine Person kann unterschiedliche Rollen und damit unterschiedliche Aufgaben in einem bzw. mehreren Projekten wahrnehmen.

- *Abbildung von Assoziationen*

  E&K-Teams generieren Produkte, Dokumente, verwenden Methoden. Sie verändern und optimieren diese im Rahmen von betrieblichen Prozessen. STEP bildet die Assoziationen zwischen verschiedenen Objekten ab.

- *Erfassung administrativer Daten (zzgl. Adressierung)*

  In STEP wird bislang die namentlichen Bezeichnung und die Adresse von Personen und Organisationen erfaßt.

4.4.2 Schwachstellen in STEP beim Partialmodell "Teams"

- *Keine differenzierte Modellierung administrativer Daten für Personen, für Rollen und für Organisationen*

  Die Identifizierung (Name / Adresse) von Personen und deren Gruppierung in Organisationen reicht nicht aus, um eine leistungsfähige Verwaltung von Personen und Organisationen zu gewährleisten. Im Partialmodell "Teams" wird zwischen einem Administrationsmodell für Personen, für Rollen und für Organisationen unterschieden.

- *Modellierung von temporären Organisationsformen und ihren Veränderungen*

  Neben quasistatischen Unternehmensorganisationen existieren temporäre Organisationen (z.B. Projektteams). Diese für einen definierten Zeitraum gültigen Organisationsformen verändern sich meist über die Laufzeit eines Projektes, z.B. in ihrer Anzahl der beteiligten Personen, im Rollenprofil und den erforderlichen Qualifikationen. Die Modellierung dieser dynamischen Aspekte ist eine wesentliche Anforderung an das Partialmodell "Teams".

- *Keine Abbildung der Koexistenz von quasistatische und temporären Organisationsformen*

  Quasistatische Organisationen eines Unternehmens werden von temporären Organisationen überlagert. Den Personen, die in mehreren Organisationsstrukturen (z.B. Firma, Projekt X, Team Y) involviert sind, müssen eindeutige Verantwortungsbereiche und Weisungsbefugnisse zugeordnet werden. Die Modellierung der Koexistenz von Organisationen und die damit verbundene Festlegung von Weisungsbefugnissen sind weitere Forderungen an das Partialmodell.

- *Keine Modellierung der Weisungsbefugnisse*

  Die Modellierung von hierarchischen Organisationsformen durch STEP beinhaltet implizit die Festlegung von Weisungsbefugnissen. "Höher gestellte" Personen bzw. Gruppen sind gegenüber der "tieferliegenden" Struktur weisungsbefugt. Bei der zusätzlichen Überlagerung von temporären Organisationsformen entstehen komplexe Zusammenhänge von Weisungsbefugnissen, die im Partialmodell abgebildet werden müssen.

- *Keine Modellierung von Eigenschaften bei Personen bzw. Anforderungsprofilen bei Rollen*

  Fähigkeiten, Qualifikationen und Erfahrungen sind relevante Eigenschaften von Personen. In Rollen können Anforderungsprofile an die ausführenden Einheiten festgelegt werden. STEP berücksichtigt die Abbildung von Personen, Organisationen und Rollen nur namentlich.

  Für die Modellierung von deren Eigenschaften bzw. Anforderungsprofilen werden keine Entitäten definiert. Die Abbildung derartiger Informationen in einem Partialmodell "Teams" unterstützt u.a. die qualifizierte Zuordnung zwischen Rollen und Personen.

4.4.3 Aufbau des erweiterten Partialmodells

In Bild 43 ist das ooEDMS-Partialmodell "Teams" in der Übersicht dargestellt. Die schattierten Bereiche kennzeichnen die Erweiterungen gegenüber den STEP-Entitäten.

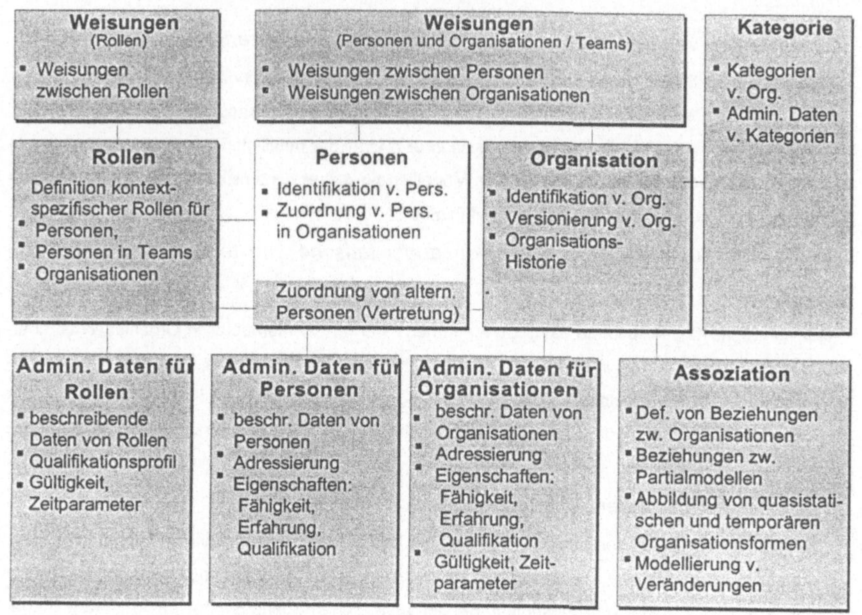

Bild 43: Prinzipieller Aufbau des ooEDMS-Partialmodell "Teams"

Das ooEDMS-Partialmodell "Teams" ist in den Bildern 44, 46 und 48 in EXPRESS-G dargestellt. Anschließend werden die relevanten Entitäten des Modells näher erläutert.

4.4.3.1 Entitäten der Bereiche Rollen, Weisungen und Administration für Rollen

STEP differenziert zwischen drei Arten von Rollen: Rollen für Personen, für Personen in Organisationen und für Organisationen selbst [STEP41]. Diese Aufteilung wird für das vorliegende Datenmodell übernommen (*person_role, person_and_ organization_role, organization_role*). Einer Person können mehrere Rollen in einem oder mehreren Projekten bzw. Organisationen zugewiesen werden. Durch S[1:?] wird diese Mehrfachzuordnung modelliert (vgl. Bild 44):

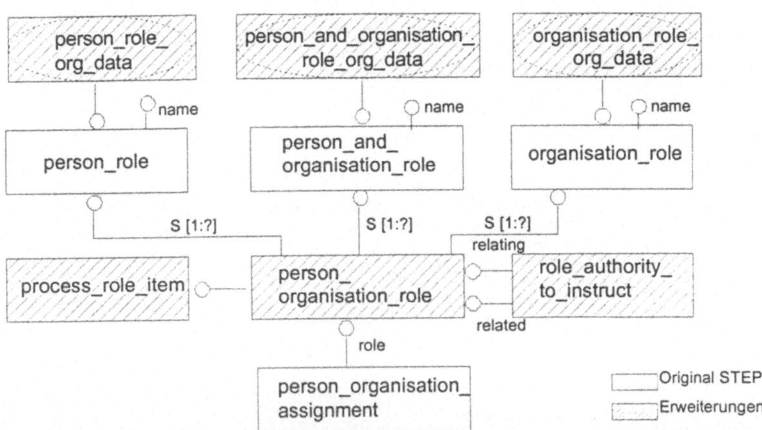

Bild 44: Entitäten für Rollen, Weisungen zwischen Rollen und Administrative Daten für Rollen

Die drei Administrationsmodelle für Rollen: *person_role_org_data*, *person_and_ organisation_role _org_data* und *organization_role_org_data* sind in Bild 45 zu einem generischen Administrationsmodell für Rollen (X_role_org_data) zusammengefaßt.

Mit diesen Rollenzuweisungen werden definierte Verantwortungsbereiche übertragen. Sie werden durch das Attribut "responsibility" der Entität "ident_data" beschrieben. Die Entität erfaßt weitere administrative Daten von Rollen, wie die Gültigkeit eines Rollenprofils (Attribut "efficiency_date") und einer allgemeinen Beschreibung der Rolle ("Attribut "description"). Die Entitäten "modifying_data, delete_data, process_data, security_data, approval_data und release_data" wurden bereits in Kapitel 4.1.3.4 erläutert und hierfür übertragen. Sie stehen für die Modellierung von Veränderungen eines Rollenprofils, für die Löschung von Rollen, für die Zuordnung von Rollen zu verschiedenen Prozessen, für die Zuordnung von Sicherheitsstufen und für die Abnahme bzw. Freigabe der Rollenprofile. Desweiteren werden über die Entitäten "qualification_ requirements_data", "experience_requirements_data" und "capability_requirements_ data" die erforderlichen Qualifikationen, Erfahrungen und Fähigkeiten definiert. Sie stellen das Anforderungsprofil für die erforderlichen Eigenschaften einer ausführenden Einheit dar.

Weisungsbefugnisse zwischen verschiedenen Rollen können durch das Entity "role_authority_to_instruct" aufgebaut werden (vgl. Bild 44).

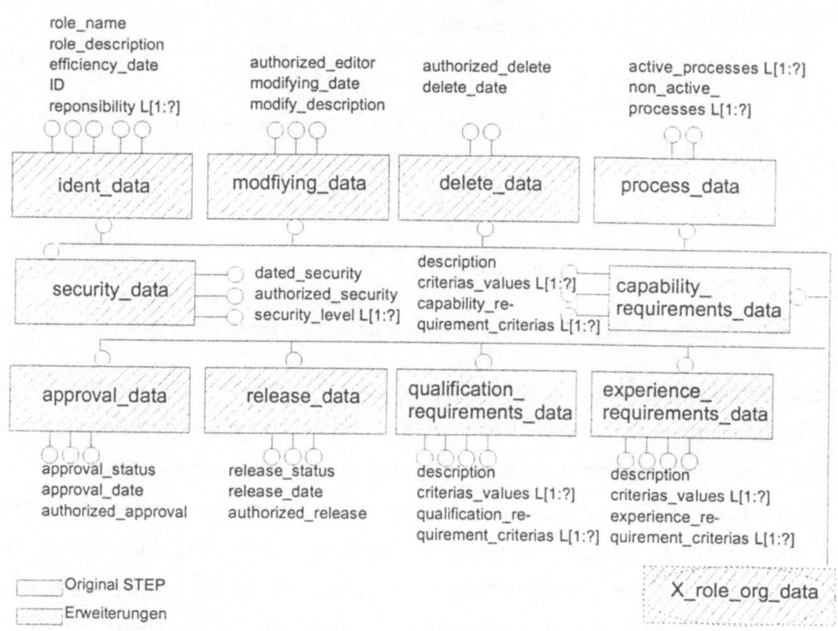

Bild 45: Das Administrationsmodell für Personen- und Organisationsrollen

4.4.3.2 Entitäten der Bereiche Personen, Weisungen und Administration für Personen

Die Abbildung von Personen und ihre Zuordnung in Organisationen wie Teams ist ein weiterer Schwerpunkt des Partialmodells für das ooEDMS (vgl. Bild 46).

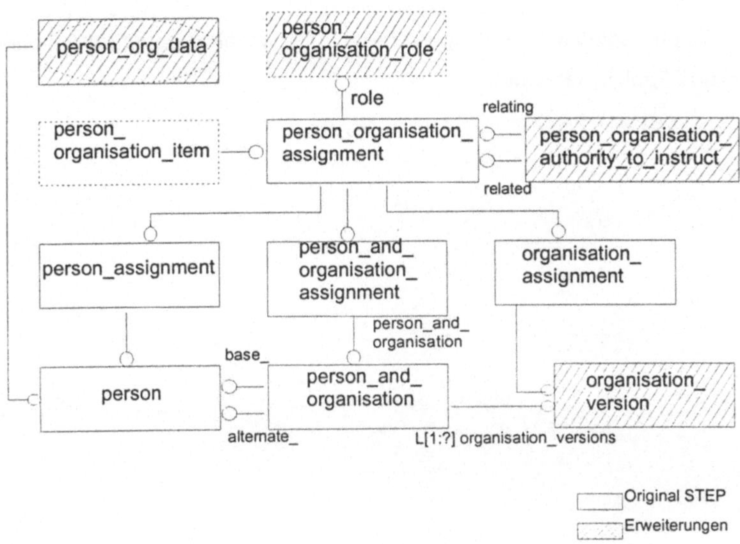

Bild 46: Entitäten des Datenmodells für Person, Weisung und Administrative Daten für Personen

In Analogie zu den Rollen werden für Personen und Organisationen Weisungsbefugnisse eingeführt ("person_organisation_authority_to_instruct"). Bei der Vergabe von Weisungsbefugnissen können logische Inkonsistenzen, wie Zyklen entstehen. Um Inkonsistenzen zu vermeiden und die Anzahl von Weisungen gering zu halten, werden für die Modellierung von Weisungsbefugnissen folgende Einschränkungen getroffen:

- Weisungen zwischen Rollen dürfen nur zwischen hierarchisch gleichgestellten Rollen bestehen.
- Weisungen zwischen Personen und Organisationen dürfen nur bestehen, wenn sie über einen gemeinsamen Vaterknoten hierarchisch verbunden sind.
- Weisungen zwischen Personen und Organisationen in Projekten dürfen nicht mit bestehenden Weisungsstrukturen aus der quasistatischen Unternehmensorganisation kollidieren.

Das Administrationsmodell für Personen ("person_org_data") ist in Bild 47 dargestellt. Neben dem Namen und der Benummerung, der Verantwortung und der Abbildung von

Sicherheitsprivilegien werden die personellen Eigenschaften der Qualifikationen, Erfahrungen und Fähigkeiten erfaßt.

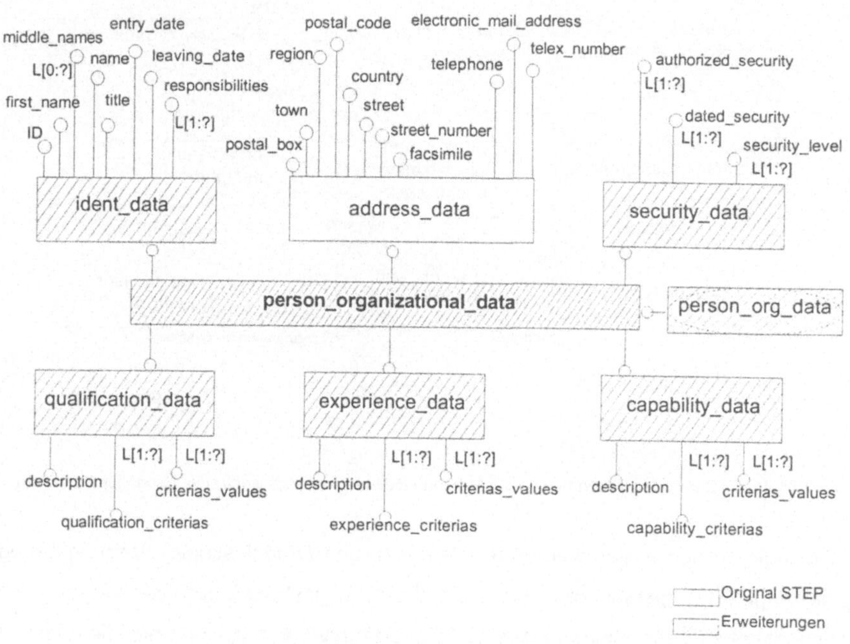

Bild 47: Das Administrationsmodell für Personen

4.4.3.3 Entitäten der Bereiche Organisation, Kategorie, Assoziation und Administration für Organisationen

Organisationen, wie Teams bestehen aus mehreren Personen. Eine Person kann in verschiedenen Organisationen statisch oder temporär zugeordnet sein. In Bild 46 und Bild 48 ist diese Mehrfachzuordnung durch eine Liste ("L[1:?] organization_versions") dargestellt.

Bei temporären Organisationen treten Veränderungen in deren Strukturen und in ihren personellen Besetzungen auf. Diese verschiedenen Ausprägungen einer Organisation über der Zeit werden als "Organisationsversionen" aufgefaßt und in Analogie zur Produktversionierung modelliert (hier: "organization_version").

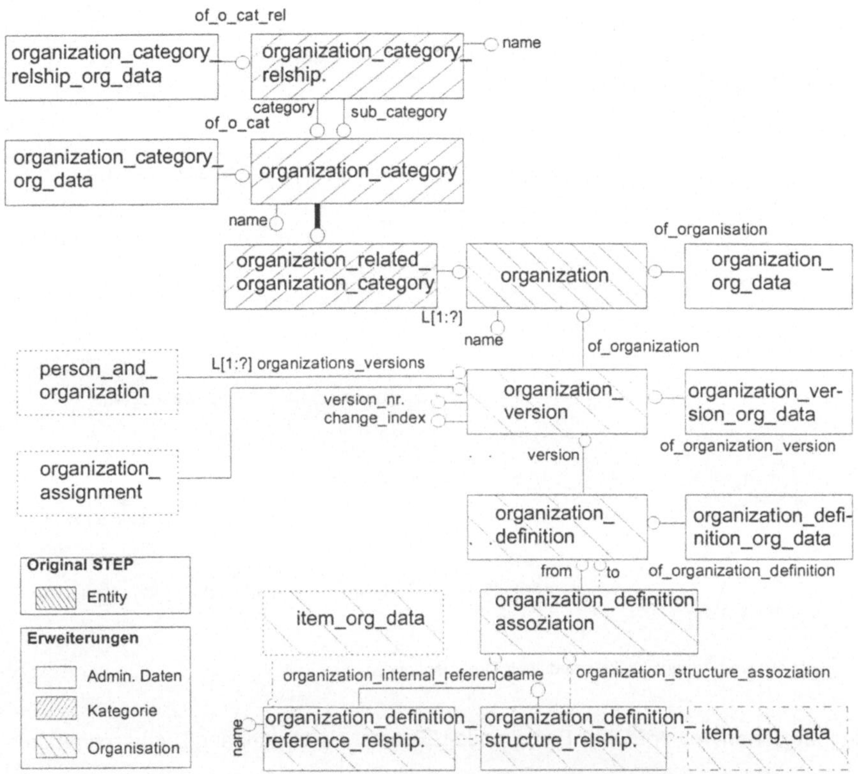

Bild 48: Die Bereiche Organisation, Kategorie, Assoziation und Administrative Daten für Organisationen

In Bild 48 sind weitere bekannte Entitäten aus vorangegangenen Partialmodellen wie "-category, -definition, -assoziation" aufgeführt. Für die Erklärung ihrer Semantik wird auf das Kapitel 4.1 verwiesen.

Das Administrationsmodell für Organisationen zeigt Bild 49. Das "organization_ item_org_data"-Schema ist für Organisationen, -Versionen und -Definitionen anwendbar. Auch in diesem Fall wurde die Semantik der aufgeführten Entitäten bereits vorab in Kapitel 4.1.3.4 erläutert.

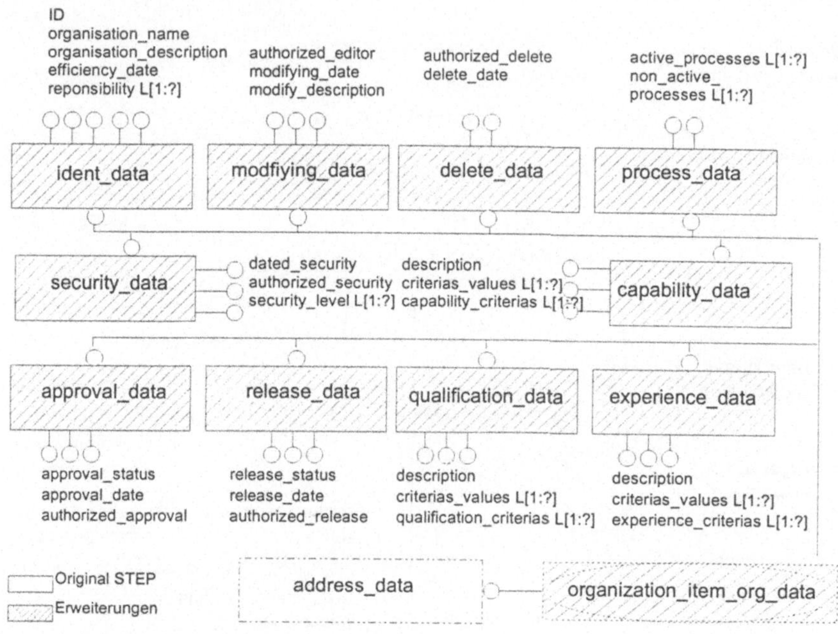

Bild 49: Das Administrationsmodell für Organisationen

Die Funktionen des ooEDMS-Partialmodell "Teams" sind in Anhang E.4 beschrieben.

4.5 Das erweiterte Partialmodell "Geschäftsprozeß" im ooEDMS

Unter einem "Geschäftsprozeß" versteht man die Verknüpfung aller Funktionen (Prozeßkette), die erforderlich sind, um eine bestimmte Leistung mit definierten Merkmalen zu erbringen. Im Mittelpunkt steht die logische Abfolge von Vorgängen sowie die Koordination der dafür benötigten Ressourcen und Informationen [DERN93]. Das in diesem Kapitel vorgestellte Partialmodell bildet die Grundlage für ein integriertes "Geschäftsprozeß-Management-System" innerhalb des ooEDMS.

Die Zielsetzung eines derartigen Systems ist die Unterstützung der aufgabenbezogenen Kommunikation und Koordination zwischen Aufgabenträgern im Rahmen organisatorisch geregelter Abläufe [HASY93]. Marktverfügbare Systeme, wie sie z.B. [ERSC92] und [HALA91] in ihren Studien beschreiben, erlauben eine Modellierung von Abläufen meist nach vorstrukturierten Netzen von Aktionen. Die Organisation des Gesamtablaufs ist für den einzelnen Beteiligten nicht ersichtlich. Zur Laufzeit eines Prozesses sind keine oder nur begrenzte Änderungen möglich. Diese Systeme basieren zudem auf herstellerspezifischen und nicht auf standardisierten Datenmodellen. Sie bilden die Komplexität der realen E&K-Welt, die aus Beziehungen zwischen Produktinformationen, Dokumenten und angewandten Methoden, aus Geschäftsprozessen und teamorientierten, dynamischen Organisationsformen besteht, nur unvollständig ab. Nachfolgend wird ein Partialmodell für "Geschäftsprozesse" vorgestellt, das eine flexible Gestaltung und einen flexiblen Ablauf von Geschäftsprozessen erlaubt.

4.5.1 STEP-Basisanforderungen an das Partialmodell "Geschäftsprozeß"

Die Analyse von [STEP41], [STEP49] und [STEP203] in Bezug auf die Modellierung von Geschäftsprozessen führt zu grundlegenden Anforderungen an das Partialmodell:

- *Identifikation von Aktionen*

  Aktionen werden über deren Namen und einer zusätzlichen Beschreibung identifiziert.

- *Zuordnung von Stati für aktuelle Aktionen*

  Der Status einer Aktion beschreibt deren Abarbeitungszustand. Bei laufenden Aktionen sind deren Stati relevante Steuerungs- und Kontrollinformationen.

- *Unterscheidung von Aktionsklassen*

  Es wird zwischen Aktionen unterschieden, die von beliebigen Personen angefragt werden können und Aktionen, die von autorisierten Personen zur Durchführung angeordnet sind.

- *Modellierung von hierarchischen Aktionsstrukturen*

  Die Modellierung von hierarchischen Aktionsstrukturen ist eine Form für die Zusammenfassung von Aktionen zu komplexen Geschäftsprozessen. Hierarchische Strukturen legen keine Reihenfolge für die Abarbeitung von Aktionen fest.

- *Modellierung verschiedener Abarbeitungsreihenfolgen*

  In STEP werden Aktionsmethoden eingeführt, in denen das "Wie", der Zweck und die Konsequenzen des Methodeneinsatzes beschrieben sind. Über diese Aktionsmethoden erfolgt die Modellierung von seriellen, überlappenden und parallelen Abarbeitungsreihenfolgen.

- *Erfassung des Kontexts*

  Die Abarbeitung von Aktionsmethoden ist von bestimmten Randbedingungen abhängig. Je nach Kontext kann eine Auswahl zwischen alternativen Aktionsmethoden erfolgen.

- *Definition von partialmodell-übergreifenden Assoziationen*

  Geschäftsprozesse verknüpfen die verschiedenen Objektklassen Produkt, Dokument, Methode und Teams und richten diese auf ein gemeinsames Ziel aus. Die Definition von übergreifenden Assoziationen stellt eine relevante Anforderungen an das Partialmodell "Geschäftsprozeß" dar.

- *Abbildung von Ressourcen*

  Die Abbildung von Ressourcen umfaßt die Anforderung seitens der Aktion, sowie die Typisierung und Erfassung von Fähigkeiten der Ressource. Alternative Ressourcen sind ebenfalls zu berücksichtigen.

- *Modellierung der Prozeßeigenschaften*

  Prozeßeigenschaften setzen sich aus den individuellen Eigenschaften ihrer Objekte (Aktionen, Produkte, Methoden, Ressourcen und Dokumente) zusammen. Definierte Prozeßeigenschaften in STEP sind bislang die Charakteristika von Aktionen, die Eigenschaften der davon betroffenen Produkte und die Merkmale der benötigten Ressourcen.

- *Darstellung von Prozeßeigenschaften*

  Die Darstellungsformen von Prozeßeigenschaften beschränken sich momentan auf textuelle Darstellungen, auf Klassifizierungscodes oder auf die Angabe der Aktions- bzw. Ressourcenparameter.

- *Abbildung von generellen Elementen von Freigaben und Änderungen*

  In STEP erfolgt keine Definition von allgemeingültigen Unternehmensprozessen. Für Freigabe- und Änderungsprozesse werden relevante Elemente und ihre Zusammenhänge definiert, wie z.B. Änderungsantrag, -auftrag, Freigabedatum, verantwortliche Personen etc.

4.5.2 Schwachstellen in STEP beim Partialmodell "Geschäftsprozeß"

Folgende Defizite in STEP sind aus Sicht der E&K-Teams festzustellen:

- *Identifizierung von Aktionen bzw. Prozessen*

  Die namentliche Identifizierung von Aktionen in STEP muß deren Eindeutigkeit über eine standardisierte Nomenklatur gewährleisten. In der vorliegenden Arbeit wird eine eindeutige Benummerung für Aktionen bzw. Prozesse eingeführt.

- *Keine Abbildung von Rollen, Personen und Organisationen*

  Für die Gestaltung und Durchführung von Aktionen bzw. Geschäftsprozessen sind einzelne Personen oder Teams verantwortlich. Diese Zuordnung wird in STEP bislang nicht berücksichtigt. Die Definition von Rollen im Prozeß und ihre Zuordnung zu Personen und zu Organisationen sind Forderungen an das Partialmodell "Geschäftsprozeß" im ooEDMS.

- *Keine Erfassung administrativer Daten von Geschäftsprozessen*

  Für Geschäftsprozesse existiert in STEP kein Administrationsmodell.

- *Keine Differenzierung unterschiedlicher Arten von Geschäftsprozessen*

  STEP unterschiedet nicht zwischen verschiedenen Geschäftsprozeßarten, wie einmalige Projekte oder Standardabläufe.

- *Keine Varianten und Versionen bei Geschäftsprozessen*

  Die Konfiguration von komplexen Geschäftsprozessen fordert die Abbildung von Prozeßvarianten (z.B. alternative Abläufe). Die Optimierung und Erweiterung von Geschäftsprozessen führt zu Prozeßversionen. Für Aktionen bzw. Prozesse werden in STEP keine Varianten und Versions-Entitäten definiert.

- *Keine Priorisierung von Geschäftsprozessen*

  Mitarbeiter eines Unternehmens sind in der Regel in mehrere Geschäftsprozesse gleichzeitig eingebunden. Dies erfordert die Priorisierung der Prozesse seitens der Verantwortlichen. STEP berücksichtigt die Priorisierung von Prozessen nicht.

- *Keine Protokollierung der Geschäftsprozesse*

  Parallel zur Abarbeitung eines Geschäftsprozesses müssen sämtliche Aktivitäten mit Datum, Zeit und Mitarbeiter in chronologischer Reihenfolge ihres Auftretens protokolliert werden. In STEP existieren keine Entitäten für eine Protokollierung der Geschäftsprozesse.

- *Keine Berücksichtigung von Datum und Zeiten*

  Für die Modellierung von dynamischen Vorgängen ist die Abbildung von Datum und Zeit erforderlich. Die Terminierung von Abläufen ist z.B. bei Projekten von hoher Bedeutung. Bislang fehlt die zeitliche Betrachtung für Aktionen bzw. Prozesse in der STEP Norm.

- *Keine Änderung zur Laufzeit von Geschäftsprozessen*

  Die Modellierung von Vorgängen fordert insbesondere bei projektbezogenen Geschäftsprozessen deren Anpassung während ihrer Abarbeitung. Diese Anpassung kann sich auf Aktionen, auf Veränderungen in Teilprozessen sowie auf Mitarbeiter und ihre Rollen beziehen. STEP bietet keinen Hinweis für diese Problematik.

- *Keine Berücksichtigung der Kosten von Geschäftsprozessen*

  Insbesondere bei Projekten spielen "Kosten" eine relevante Rolle. STEP sieht keine Modellierung dieser Informationen bei Aktionen bzw. Prozessen vor.

- *Keine Meilensteine (bei projektbezogenen Geschäftsprozessen)*

Meilensteine sind zeit- bzw. ergebnisgebundene "Eckpfeiler" innerhalb eines Projektes. Sie dienen als Entscheidungspunkte für den weiteren Projektverlauf und sind daher für die Steuerung und Kontrolle von projektbezogenen Geschäftsprozessen relevant. STEP bietet keine Entitäten für deren Modellierung.

4.5.3 Konzeption der Geschäftsprozeß-Modellierung im ooEDMS

In diesem Kapitel wird die Konzeption zur Modellierung von Geschäftsprozessen im ooEDMS erläutert. Das Konzept basiert auf der Arbeit "The Action Workflow Approach to Workflow Management Technology" von [MEWI92], in der ein "Loop" (Schleife) die kleinste Einheit in der Ablaufmodellierung darstellt.

Das Geschäftsprozeß-Modell in der vorliegenden Arbeit verwendet den Loop als Element zur Prozeßmodellierung. In der erweiterten Konzeption werden Nachrichten zur Synchronisation der Abläufe verwendet. Die Loops werden in sechs Grundtypen unterteilt, nach neuen Regeln verkettet und mit Hilfe von "Aktionenlisten" abgearbeitet. Für die Verkettung von Loops sowie für die parallele Bearbeitung von Aktionen wird ein "Blockkonzept" eingeführt. Darüber hinaus unterstützt das Modell auch die Projektplanung und -durchführung, da die implizite Zeitdarstellung des Loops aus [MEWI92] durch entsprechende Entitäten ergänzt wird.

4.5.3.1 Der Elementarloop

Ein Geschäftsprozeß ist ein arbeitsteiliger Prozeß, an dem mindestens zwei "Akteure" beteiligt sind. Es wird zwischen dem "Initiator" und dem "Bearbeiter" eines Prozesses unterschieden. Sie stehen über Ablaufbeziehungen in Verbindung. Beiden "Akteuren" werden ablaufspezifische Aufgaben bzw. Aktionen zugewiesen. Zwischen den Aktionen werden Informationen (Objekte) ausgetauscht. Bild 50 zeigt die Struktur eines Loops.

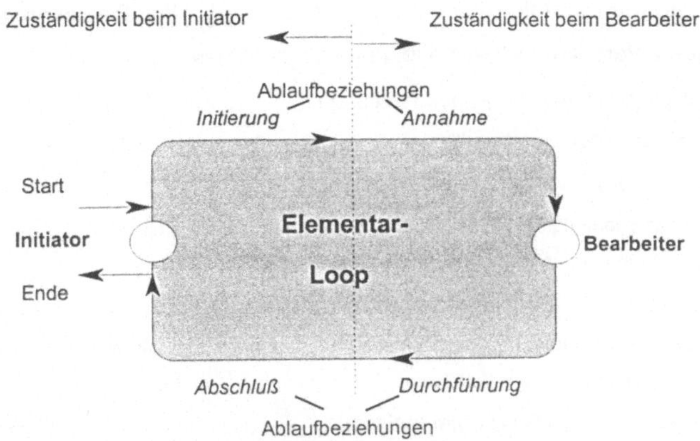

Bild 50: Der Elementar-Loop

Akteure und Rollen im Elementar-Loop

Der Loop unterstützt die Kooperation von Akteuren und die Koordination ihrer Arbeit. Die Akteure in einem Loop werden als *Initiator* (Auftraggeber) und *Bearbeiter* (Auftragnehmer) bezeichnet. Sie besitzen innerhalb des Loops bestimmte Kompetenzen bezüglich der Gestaltung und der Abarbeitung des Loops. Der Initiator gilt als Erzeuger des Loops. Er besitzt das Recht, innerhalb eines Loops alle vier Ablaufphasen (Initiierung, Annahme, Durchführung, Abschluß) zu gestalten. Der Bearbeiter darf nur die Phasen Annahme und Durchführung verändern.

Zur Zeit der Erzeugung eines Loops steht nicht immer fest, welcher Mitarbeiter als Initiator und welcher als Bearbeiter letztlich eingesetzt wird. Es werden daher prozeßspezifische *Rollen* definiert, in denen Anforderungsprofile für potentielle Mitarbeiter beschrieben werden. Die Besetzung der Rolle erfolgt spätestens zur Laufzeit des Geschäftsprozesses.

Ablaufbeziehungen und ihre Synchronisation

Durch Verkettungen von Loops werden Geschäftsprozesse aufgebaut. Die Verkettungen werden in Kapitel 4.5.3.2 detailliert beschrieben. Die Steuerung des Arbeitsablaufes innerhalb eines Loops erfolgt durch die Festlegung von Ablaufbeziehungen. Die Ablaufbeziehungen unterteilen sich in die folgenden vier Phasen:

- *Initiierungsphase* (Verantwortung beim Initiator)

  Diese Phase dient dem Initiator zur Spezifikation der Aufgabe, die er dem Bearbeiter stellt.
- *Annahmephase* (Verantwortung beim Bearbeiter)

  Hier besorgt sich der Bearbeiter alle notwendigen Informationen und Hilfsmittel, um die gewünschte Aufgabe in der Durchführungsphase bearbeiten zu können.
- *Durchführungsphase* (Verantwortung beim Bearbeiter)

  Der Bearbeiter führt die ihm aufgetragenen Aufgaben aus und stellt dem Initiator für die Abschlußphase das Ergebnis seiner Arbeit zur Verfügung.
- *Abschlußphase* (Verantwortung beim Initiator)

  Hier verfügt der Initiator über das Ergebnis der Arbeit des Bearbeiters. Mit dem Beenden der letzten Aktion in der Abschlußphase ist auch die Abarbeitung des Loops beendet.

Jede der vier Phasen beinhaltet eine "Aktionenliste". Aktionen stellen Arbeitsanweisungen für die Akteure dar. Die Abarbeitung der Aktionenliste durch einen Akteur erfolgt sequentiell (Aktion für Aktion).

Die **Synchronisierung** des Arbeitsablaufs innerhalb eines Loops erfolgt durch das Senden und Empfangen von Nachrichten. Bild 51 zeigt die Synchronisation zwischen den einzelnen Loop-Phasen auf.

Loop:

Aufbau:

Initiator : Akteur X

Bearbeiter : Akteur Y

Ablauf:

Initiator:

- bearbeite Initiierungsphase (Aktionenliste Initiierung)
- **sende** Nachricht über Bearbeitungsstart an Bearbeiter (warten auf Bearbeitungsende)
- **empfange** Nachricht über Bearbeitungsende vom Bearbeiter
- bearbeite Abschlußphase (Aktionenliste Abschluß)

....

Bearbeiter:

- **empfange** Nachricht über Bearbeitungsstart vom Initiator
- bearbeite Annahmephase (Aktionenliste Annahme)
- bearbeite Durchführungsphase (Aktionenliste Durchführung)
- **sende** Nachricht über Bearbeitungsende an Initiator (warte auf Initiierung)

Bild 51: Synchronisation zwischen den Loop-Phasen

Stati des Elementar-Loops

Der aktuelle Zustand eines Elementar-Loops wird durch folgende Stati beschrieben: Status *geplant* stellt den Zustand des Loops während der Prozeßplanung dar. Nur in diesem Zustand dürfen Änderungen am Loop vorgenommen werden. Nach Beendigung der Planung wird der Loop *freigegeben* und seine Abarbeitung kann beginnen. Ein freigegebener Loop besitzt alle für die korrekte Abarbeitung notwendigen Informationen. Mit Beginn der Abarbeitung der ersten Aktion durch den Initiator wechselt der Status des Loops von *freigegeben* nach ..*in Bearbeitung*. Dieser Status wird so lange beibehalten, bis die letzte Aktion vom Initiator in der Abschlußphase beendet wurde. Daraufhin wechselt der Status in den Zustand *beendet*.

4.5.3.2 Parallelisierung der Abläufe durch Blöcke und Verkettung von Elementar-Loops

Die Abarbeitung von Aktionslisten in den einzelnen Phasen des Loops verläuft sequentiell. Für die Parallelisierung von Prozessen werden die Aktionslisten um ein *Blockkonzept* erweitert. Mit Hilfe von Blöcken ist es möglich, sowohl Aktionen für den Mitarbeiter, als auch Aktionen für ein DV-gestütztes System parallel abarbeiten zu lassen. Ferner können alternative Arbeitsabläufe definiert werden, über deren Abarbeitung erst zur Abarbeitungszeit entschieden wird.

Der *Block* ersetzt die Position der Aktion. Es werden Blocklisten aus sequentiell aneinandergereihten Blöcken gebildet. Innerhalb einer Blockliste wird zwischen sechs verschiedenen Blockarten unterschieden:

- Der *Startblock* ist das erste Element der Blockliste. Er stellt die Verbindung mit der jeweiligen Ablaufphase und deren Bearbeiter innerhalb des Loops dar. Der Startblock wird automatisch durch das System bearbeitet.
- Der *Aktionenblock* verweist auf Aktionen, die in beliebiger Reihenfolge bearbeitet werden können. Die Aktionen sind voneinander unabhängig, d.h. keine Aktion liefert ein Ergebnis für eine andere Aktion innerhalb des gleichen Blocks. Derartige Abhängigkeiten zwischen Aktionen werden in verschiedenen sequentiellen Blöcken modelliert.
- Mit Hilfe von *Alternativblöcken* werden Ablaufvarianten modelliert. Ein Alternativblock stellt eine "if-then-else"-Verzweigung im Ablauf dar, über dessen weiteren Verlauf erst während der Abarbeitung entschieden wird.
- Mit *Alternativblocklisten* werden logische Verzweigungen im Geschäftsprozeß realisiert. Bild 52 veranschaulicht dieses Prinzip. Die Alternativblocklisten beinhalten alle Aktionen, die notwendig sind, um die zur Blockliste gehörende Loop-Phase beenden zu können. Alternativblocklisten verweisen nicht auf einen gemeinsamen Nachfolger. Mit der vollständigen Abarbeitung einer der Alternativlisten ist die Bearbeitung der zugehörigen Loop-Phase abgeschlossen.

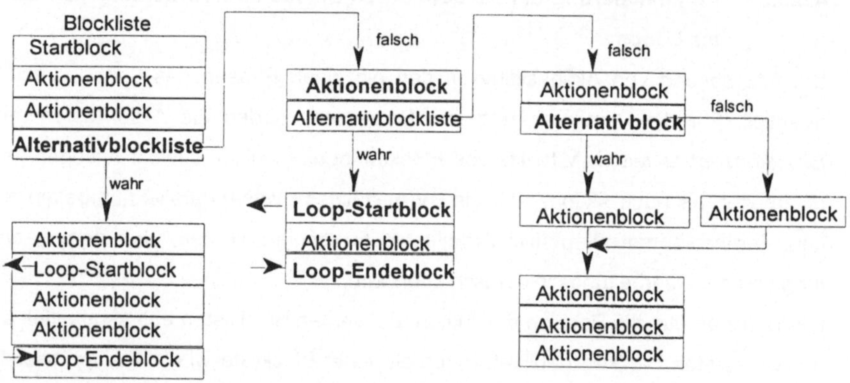

Bild 52: Blockliste mit Alternativblocklisten

- Die Verkettung von beliebigen Kind-Loops mit ihrem Eltern-Loop kann in jeder der vier Ablaufphasen des Eltern-Loops stattfinden. Mit Hilfe der folgenden Blöcke wird die Verkettung von Loops realisiert: Der *Loop-Startblock* ist der Verweis zu einem Unter-Loop. Durch mehrere Loop-Startblöcke hintereinander kann die Zahl der parallelen Abläufe beliebig erhöht werden. Der *Loop-Endeblock* stellt eine Grenze in der Abarbeitung der Blöcke der Eltern-Loops dar. Sie kann erst überschritten werden, wenn die Abarbeitung des zugehörigen Kind-Loops beendet wurde. Ein Akteur kann innerhalb seiner Ablaufphasen einen Kind-Loop erzeugen. Innerhalb des Kind-Loops nimmt dieser Akteur automatisch die Position des Initiators ein (vgl. Bild 53).

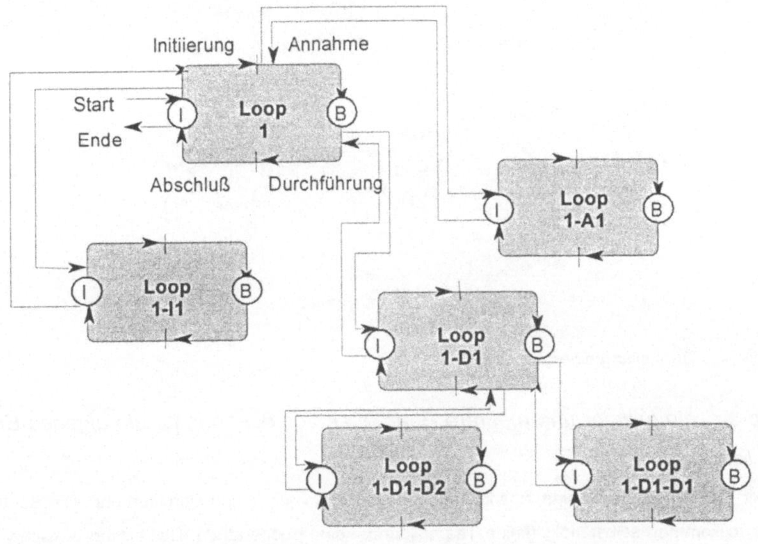

Bild 53: Darstellung verketteter Loops

4.5.3.3 Loop Typen

Der bisher beschriebene Loop hatte als Akteure einen Initiator und einen Bearbeiter (Typ 1). Insgesamt lassen sich fünf weitere Loop-Arten unterscheiden:

- ***Typ-1*** *ein Initiator und ein Bearbeiter*

Der Typ-1 Loop wird hier nicht weiter betrachtet (vgl. obiges Kapitel).

- ***Typ-2*** *ein Initiator und mehrere Bearbeiter (Team), die ein gemeinsames Ergebnis liefern*

Dieses Team verhält sich nach außen wie ein Bearbeiter und liefert ein gemeinsames Ergebnis. Innerhalb des Loops gibt es für das gesamte Team eine Aktionsliste für die Annahme und eine für die Durchführung. Die Loop-Bearbeitung liegt in der Eigenverantwortung des Teams. Loops des Typ-2 werden verwendet, wenn es für den Initiator keine Rolle spielt, welcher Bearbeiter das Ergebnis liefert. Bild 54 veranschaulicht den Typ-2 Loop.

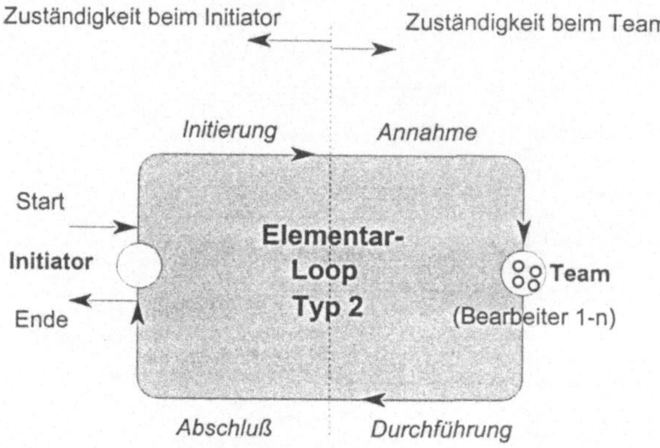

Bild 54: Darstellung eines Typ-2 Loops

- ***Typ-3*** *ein Initiator und mehrere Bearbeiter, von denen jeder ein eigenes Ergebnis liefert*

Jeder Bearbeiter erhält seine eigene Aktionenliste für Annahme und Durchführung. Die Bearbeiter sind vollkommen selbständig (keine Teambildung, keine Kooperation). Der Initiator entscheidet in der Abschlußphase über die Ergebnisse. Die Bearbeiter können in Teams organisiert sein (vgl.. Bild 55).

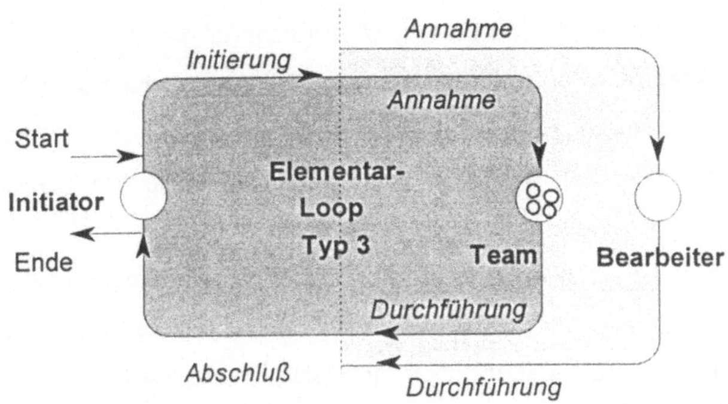

Bild 55: Darstellung eines Typ-3 Loops

Loops des Typ-3 kommen zur Anwendung, wenn z.B. an das gelieferte Ergebnis erhöhte Sicherheits- bzw. Qualitätsanforderungen gestellt werden. In diesem Fall kann der Initiator das Ergebnis von mehreren unabhängigen Bearbeitern auf unterschiedliche Art erarbeiten lassen, in der Annahmephase die Ergebnisse miteinander vergleichen und die Entscheidungen treffen.

Sonderfälle:

- ***Typ-4*** *Mehrere Initiatoren (Team) und ein Bearbeiter*
- ***Typ-5*** *Mehrere Initiatoren (Team) und mehrere Bearbeiter (Team), die ein gemeinsames Ergebnis liefern*
- ***Typ-6*** *Mehrere Initiatoren (Team) und mehrere Bearbeiter, von denen jeder ein eigenes Ergebnis liefert*

Die Loop-Typen 4,5 und 6 stellen Erweiterungen der Typen 1, 2 und 3 dar. von Die Initiatoren bilden ein Team. Da sich das Team nach außen wie ein einzelner Initiator verhält und es nur eine Initiierungs- bzw. Abschlußphase gibt, muß nicht festgelegt werden, welcher Initiator die Abarbeitung der Phasen übernimmt. Dies liegt in der Eigenverantwortung des Teams.

4.5.3.4 Querverweise

Die Verwendung von Start- und Endeblöcken reicht für die Synchronisation von komplexen Geschäftsprozessen nicht aus. Es existieren Loops, die erst bearbeitet werden, wenn ein Loop in einem anderen Strukturzweig beendet wurde. Für die Modellierung derartiger Abhängigkeiten, wird das Geschäftsprozeß-Modell um "Querverweise" erweitert.

Querverweise sind zusätzliche Startbedingungen für die Bearbeitung eines Loops. Sie werden überprüft, wenn der Loop zur Bearbeitung freigegeben wird. Der Zustand des Loops wechselt von "freigegeben" nach "aktiviert". Die Bearbeitung des Loops beginnt, wenn die Loops, von denen die Querverweise ausgehen, vollständig bearbeitet wurden. Folgende Einschränkungen sind zu beachten:

- Ein Querverweis von einem Kind-Loop zu seinem Eltern-Loop bzw. zu einem seiner Brüdern ist nicht erlaubt, da hier die Synchronisation über die Loop-Startblöcke und Loop-Endeblöcke erfolgt.
- Querverweise dürfen nur zwischen zwei Loops aufgebaut werden, deren parallele Bearbeitung möglich ist. Dies wird gefordert um Inkonsistenzen bei der Loop-Abarbeitung zu verhindern.
- Durch das Einfügen von Querverweisen darf es zur Bearbeitungszeit der Loops zu keinen Systemverklemmungen (Deadlocks) kommen. Dies muß durch entsprechende Funktionen des Systems intern sichergestellt werden.

Durch die Verwendung von Querverweisen wird die hierarchische Struktur des Geschäftsprozesses von einem "Baum" in einen "Graphen" überführt. Durch diese Erweiterung kann es zu Systemverklemmungen kommen, wie A wartet auf B und B wartet auf A. Zur Vermeidung von Systemverklemmungen sei hier auf [RICH85] verwiesen.

4.5.3.5 Geschäftsprozeßarten

In dieser Arbeit wird zwischen drei Arten von Prozessen, *Vorlagen*, *Standards* und *Projekte* unterschieden.

Vorlagen

Geschäftsprozeß-Vorlagen sind die Grundbausteine bei der Erzeugung neuer Geschäftsprozesse. Als *Elementar-Vorlagen* werden die sechs Loop-Typen bezeichnet. Außer der internen Struktur der Loops sind keine weitere Informationen bzgl. der Arbeitsabläufe hinterlegt. *Basis-Vorlagen* stellen autonome, inhaltlich abgegrenzte Geschäftsprozesse dar, die aus Elementar-Vorlagen aufgebaut werden. Die Basis-Vorlagen besitzen alle notwendigen Informationen bzgl. der Aktionen, der Verkettung von Loops und deren Rollen, sowie evtl. vorhandener Querverweise. Basis-Vorlagen enthalten keine Informationen über konkrete Mitarbeiter. *Komplexe Vorlagen* werden aus Basis-Vorlagen und Elementarvorlagen gebildet. Durch die Verknüpfung einzelner autonomer Vorlagen entstehen komplexe Geschäftsprozesse. Die Generierung komplexer Vorlagen geschieht durch Kopieren und Verknüpfen von Basis-Vorlagen und Elementarvorlagen. Komplexe-Vorlagen enthalten alle für ihre spätere Bearbeitung notwendigen Informationen (z.B. konkreter Mitarbeiter). Eine Komplexe-Vorlage stellt die Grundlage (das Original) für einen *Standard* -Geschäftsprozeß dar.

Standards

In der betrieblichen Praxis existieren Geschäftsprozesse mit wiederholendem Charakter. Für diese Prozesse werden *Geschäftsprozeß-Standards* eingeführt. Sie werden durch Kopieren von Vorlagen (Komplexe Vorlagen) gebildet und dürfen zur Laufzeit nicht geändert werden. Ist eine Änderungen an der Struktur bzw. am Ablauf notwendig, so erfolgt diese bei den Vorlagen. *Geschäftsprozeß-Standards* besitzen in der Regel keine projektspezifischen Eigenschaften wie z.B. die Fokussierung auf Zeiten, Kosten und Ressourcen.

Projekte

Die Geschäftsprozeßart *"Projekt"* bietet die Möglichkeit zum Aufbau und zur Steuerung komplexer Projektstrukturen. Projekte sind im Gegensatz zu den obigen Standards einmalig und mit einem definierten Zeit- bzw. Kostenrahmen versehen. Diese Vorgaben stellen einerseits Berechnungsgrößen (wie z.B. in der Netzplantechnik) andererseits auch Zielvorgaben für die Projektsteuerung dar. Projekte sind in der Regel langandauernde Geschäftsprozesse, die sich während ihrer Bearbeitung dynamisch in Aufbau, Ablauf, Rollen und Mitarbeitern ändern. Kritische Punkte im Projektverlauf stellen die "Meilensteine" dar, die zeit- bzw. ergebnisbezogen geplant werden, und als Entscheidungspunkte für den weiteren Verlauf gelten. Die Geschäftsprozeßart *"Projekt"* setzt sich aus Elementar- und Basis-Vorlagen zusammen. *Projekte* müssen nicht vollständig beschrieben sein, da während der Abarbeitung Erweiterungen und Veränderungen an jenen Teilen (Kind-Loops) des Geschäftsprozesses zugelassen werden, die noch nicht "beendet" bzw. "in Bearbeitung" sind. Diese Regelung wird hier eingeführt, um die Flexibilität zu erhöhen.

4.5.3.6 Modellierung von "Meilensteinen" in Geschäftsprozessen

"Meilensteine" sind zeit- bzw. ergebnisgebundene Entscheidungspunkte in den Geschäftsprozessen. Sie werden als eine besondere Loop-Art im Geschäftsprozeß-Modell definiert. Ihre Kennzeichnung erfolgt durch entsprechende Namensvergabe.

Die zeitliche Steuerung von Meilenstein-Loops wird über Start- bzw. Endtermine realisiert, die ergebnisgebundene Aktivierung erfolgt über Querverweise. So ist sichergestellt, daß ein Meilenstein erst erreicht ist bzw. abgearbeitet wird, wenn alle notwendigen Ergebnisse erarbeitet worden sind. Meilenstein-Loops werden als Geschäftsprozeß-*Vorlagen* definiert, bei Bedarf in neue Geschäftsprozesse kopiert und dort angepaßt.

4.5.3.7 Prioritäten von Geschäftsprozessen

In der betrieblichen Praxis ist ein Mitarbeiter in der Regel mit der Bearbeitung mehrerer Geschäftsprozesse gleichzeitig beschäftigt. Dies erfordert die Einführung von unterschiedlichen *Prioritäten* in Bezug auf die Dringlichkeit der Bearbeitung. Je höher der Wert der *Priorität* ist, desto dringlicher ist die Abarbeitung des Loops bzw. Blocks. *Prioritäten* können somit als ein Steuerungsmechanismus für die Bearbeitung der Loops bzw. Blöcke eingesetzt werden. Die Vergabe von *Prioritäten* erfolgt beim Design des Loops, wobei die Blöcke dieselbe *Priorität* wie der Loop erhalten.

4.5.3.8 Protokollierung von Geschäftsprozessen ("Logs")

Die Protokollierung dient zur Erfassung der Historie von Geschäftsprozessen. Sie erfaßt sämtliche Aktivitäten mit Datum, Zeit und Mitarbeiter, die während der Gestaltung und späteren Abarbeitung des Geschäftsprozesses erfolgen.

In der vorliegenden Arbeit wird jedem Objekt eine eigene Protokollierung zugewiesen ("dezentraler Log"). Systemtechnisch wird der "Log" in die Klasse "Nummer" eingebunden. Diese Klasse stellt eine Oberklasse gegenüber allen Klassen des ooEDM-Systems dar. Somit steht der "Log" allen Objekten zur Verfügung

4.5.3.9 Variantenbildung bei Geschäftsprozessen

Varianten von Geschäftsprozessen sind charakterisiert durch die unterschiedliche Art und Weise ihrer Zielerreichung, d.h. in ihren Aktionen und ihrer Ablauflogik, in ihrem Zusammenspiel der beteiligten Rollen und Mitarbeiter bzw. in ihren Ressourcen. Geschäftsprozeßvarianten erfüllen die gleiche Funktionalität und sind damit in übergeordneten Strukturen (Vater-Loops) austauschbar.

In Analogie zu der Objektklasse "Produkt" wird für die Modellierung von Varianten bei Geschäftsprozeß-Vorlagen der *Frame* eingeführt. Bild 56 zeigt die Verwendung von Frames einer vereinfachten Geschäftsprozeßdarstellung.

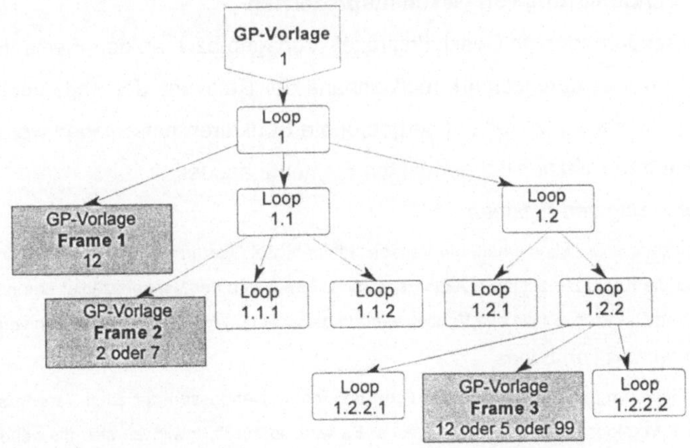

Bild 56: Einbettung von Frames in einer Geschäftsprozeß-Vorlage

Jeder Frame ist innerhalb der Geschäftsprozeß-*Vorlage* einmalig. Eine Geschäftsprozeß-*Vorlage* kann beliebig viele Frames beinhalten. Frames besitzen keine "Unterstrukturen". Wird der Frame durch eine konkrete Variantenvorlage ersetzt, wächst der Geschäftsprozeß an dieser Stelle in die "Tiefe". Bild 57 veranschaulicht dies. Die gesamte Struktur der Variante "7" wird übernommen.

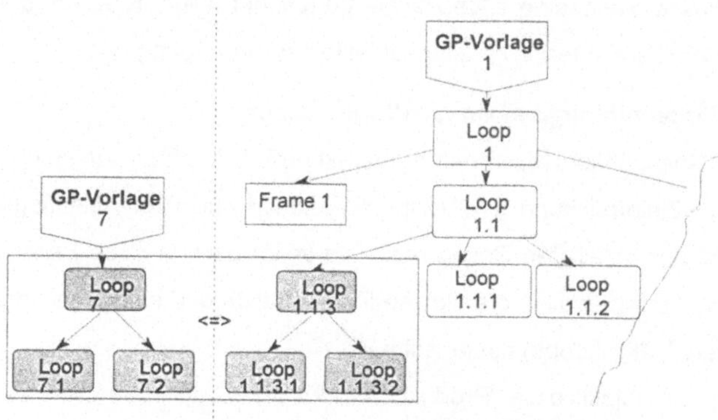

Bild 57 Ersetzen eines Frames durch eine seiner Varianten

4.5.3.10 Versionierung von Geschäftsprozessen

Werden Veränderungen an Geschäftsprozeß-Vorlagen bzw. an den Elementen Aktion, Loops und Frames durchgeführt, muß anhand der Relevanz der Änderungen und im Hinblick der Austauschbarkeit in übergeordnete Strukturen entschieden werden, ob es sich um eine neue *Version* der genannten Elemente handelt.

- *Versionierung von Aktionen*

  Eine neu definierte Aktion erhält den Versionszähler 1. Bei Überarbeitung der Aktion wird diese kopiert und die Kopie zur aktuellen Aktion bestimmt. Dabei wird der Versionszähler erhöht. Alle Referenzen von Objekten auf die alte Version werden gelöscht und mit der neuen Version verbunden.

- *Versionierung von Loops*

  Die Versionierung von Loops erfolgt durch Kopieren und Anpassen der alten Version sowie Erhöhung des Versionzählers des neuen Loops. Es wird überprüft, inwieweit sich die neue Version in den Strukturen nach oben auswirkt. Wird ein Loop geändert, so hat dies keine Auswirkungen auf die derzeitig aktiven Geschäftsprozesse im Standard- oder Projektbereich, die sich auf die "Vorlagenversion" beziehen.

- Versionierung von Frames

  Die Versionierung eines Frames verhält sich genauso wie die eines Loops.

- *Versionierung von Geschäftsprozeß-Vorlagen*

  Die Versionierung einer Geschäftsprozeß-Vorlage verhält sich genauso wie die eines Loops. Alle existierenden Verweise (z.B. von externen Objekten, Frames, Katalogen etc.) des Geschäftsprozesses zeigen auf die neue Version. Die Struktur der alten Version bleibt vollständig erhalten. Sie steht bei einem späteren Bedarf zur Verfügung.

4.5.4 Aufbau des erweiterten Partialmodells

Die Umsetzung der genannten Anforderungen und Konzepte des Geschäftsprozeßmodells ist im folgenden beschrieben. Den prinzipiellen Aufbau des Partialmodells zeigt Bild 58. Die Darstellung des Modells in EXPRESS-G setzt sich aus den einzelnen Abbildungen 59, 60 und 61 zusammen. Da die Konzeption für das Partialmodell bereits in den obigen Kapiteln beschrieben wurden, wird hier auf eine ausführliche Erläuterung der einzelnen Entitäten verzichtet.

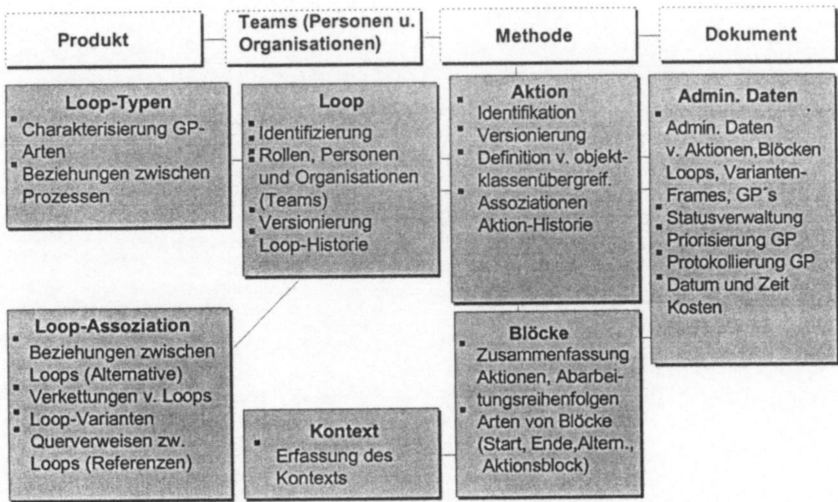

Bild 58: Der prinzipielle Aufbau des Geschäftsprozeßmodells im ooEDMS

4.5.4.1 Entitäten der Bereiche Aktion, Block und Administration

Das in dieser Arbeit entwickelte Partialmodell für die Modellierung von Geschäftsprozessen im ooEDMS verwendet "Aktionen" als atomare Einheiten, die keine weiteren Unterstrukturen aufweisen. "Aktionsblöcke" werden aus "Aktions-Versionen" gebildet. Diese Blöcke lassen sich in bereits benannte Arten einteilen. Im Gegensatz zu STEP beziehen sich die Abarbeitungsreihenfolgen in diesem Modell auf Aktionsblöcke und nicht auf Aktionsmethoden. Methoden werden als separate Objektklasse behandelt (vgl. Kapitel 4.3) und den Aktionen zugeordnet. Strukturen von Geschäftsprozessen werden über die Blöcke bzw. über Loops abgebildet. Verschiedene Arten von Loops, von Verkettungsmöglichkeiten sowie von Abarbeitungsreihenfolgen und Querverweisen ermöglichen die individuelle Konfiguration von Geschäftsprozessen.

Bild 59 zeigt den Aufbau der Bereiche Aktion, Blöcke, Admin. Daten und Kontext. Die schraffierten Entitäten wurden aus [STEP49] übernommen.

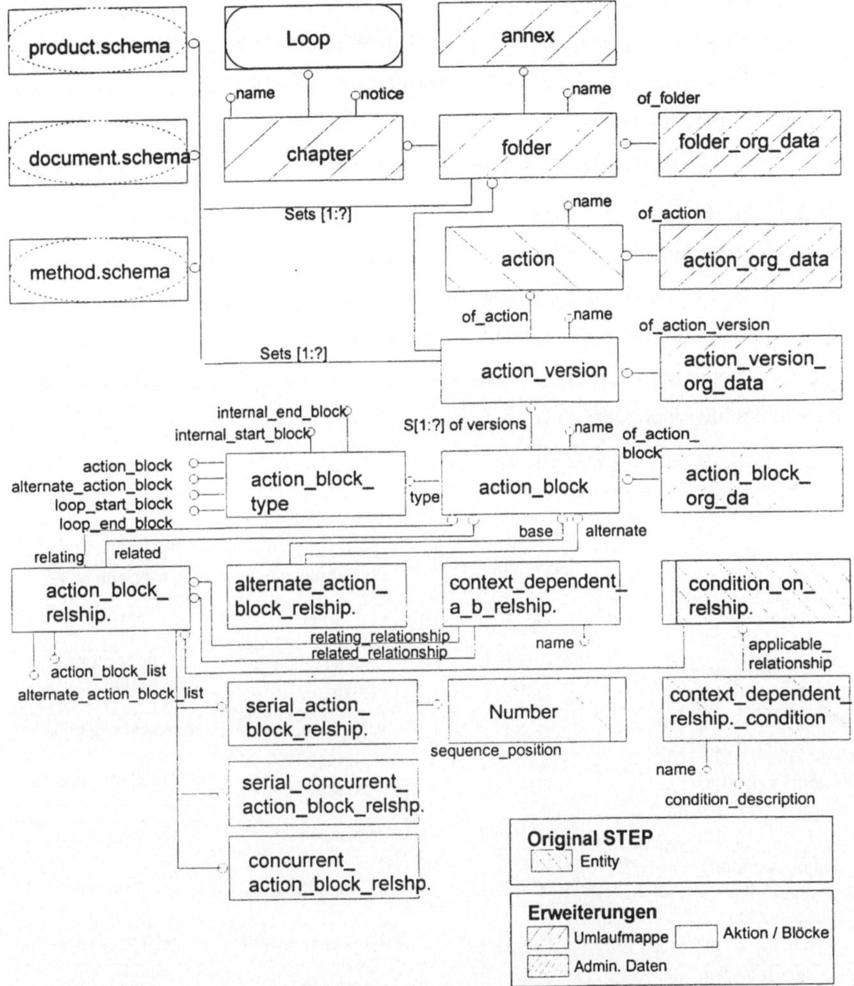

Bild 59: Die Entitäten der Bereiche Aktion, Blöcke, Admin. Daten, Kontext im GP-Modell

Das Administrationsmodell aus Kapitel 4.1.3.4 ist auf die Objektklasse "Geschäftsprozeß" übertragbar. Das Entity "ident_data" wird um das Attribut "Priorität" erweitert. Die Protokollierung erfolgt objektspezifisch, d.h. für jedes Objekt wird ein eigener "Log" (Einträge) angelegt und fortgeschrieben. Da jedes Objekt über eine eindeutige Nummer verfügt wird der "Log" der Numerierung im Entity "ident_data" zugewiesen. Jedes neu anlegte Objekt erhält somit automatisch die Möglichkeit zur eigenen Protokollierung seiner Historie. Individuelle Statusinformationen der einzelnen Entitäten werden im jeweiligen administrativen Modell verwaltet.

4.5.4.2 Entitäten der Bereiche Loop, Loop-Arten und Loop-Phasen

Die Unterscheidung der Geschäftsprozeßarten in *Vorlagen*, *Standards* und *Projekte* wird durch das Entity "loop_type" getroffen (vgl. Bild 60). Der Begriff "Loop" wird sowohl für die Grundformen, als auch für komplexe Verkettungen dieser Grundbausteine verwendet. Somit kann ein Loop einen gesamten Geschäftsprozeß darstellen, z.B. einen Produktentwicklungsprozeß.

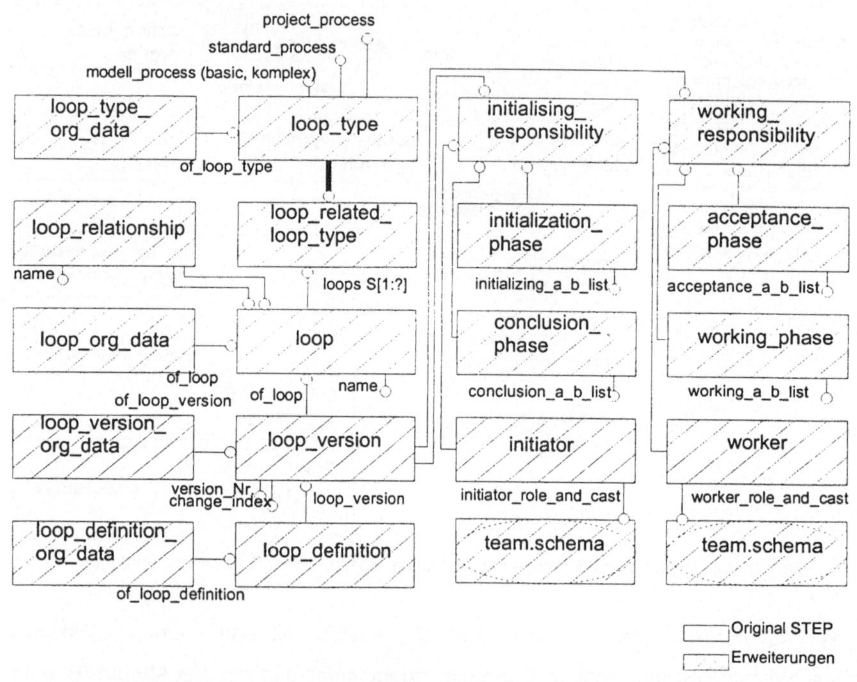

Bild 60: Die Entitäten zur Modellierung von Loops

Über das Entity "loop_definition", worin die Beschreibung, bzw. Spezifikation des Loops erfaßt wird, erfolgt die Zuordnung der vier Loop-Phasen: Initiierung, Annahme, Durchführung und Abschluß. Gemäß der obigen Konzeption werden den Phasen Aktionsblocklisten zugeordnet. Über diese Listen erfolgt die Verkettung zu Unterloops, d.h. in den Listen befinden sich Start- und Ende-Blöcke, die zu/von Unterloops verzweigen und für die Ablaufsteuerung durch das System erforderlich sind.
Die Verantwortung für die Initiierungs- sowie Bearbeitungsphase werden durch die Entitäten "initiator" und "worker" beschrieben. Mit dem Partialmodell "Teams" erfolgt die Festlegung von Rollen und deren Besetzung.
Zwischen Geschäftsprozessen können beliebige Beziehungen durch das Entity "loop_relationship" modelliert werden.

4.5.4.3 Entitäten des Bereichs Loop-Assoziation

Im vorliegenden Partialmodell wird zwischen zwei Grundformen von Beziehungen zwischen Loops unterschieden. Einerseits besteht die Forderung nach der Abbildung hierarchischer Strukturen von Loops und Unter-Loops, zum anderen wurde der "Querverweis" eingeführt, der einen beliebigen Zusammenhang zwischen Loops abbildet und die hierarchische Struktur in einen "Graphen" überführt.
Die Strukturbeziehungen werden in den vier Ablaufphasen über die Verzweigungen in den Blocklisten modelliert. Querverweise werden über das Entity "loop_definition_ reference_relationship" abgebildet. Das Prinzip der Varianten-Frames aus der Objektklasse "Produkt" wird für dieses Geschäftsprozeß-Modell übernommen. Die Bedeutung der analogen Begriffen ist der Beschreibung in Kapitel 4.1.3.6 zu entnehmen. Bild 61 stellt die Assoziationsentitäten für Loops in EXPRESS-G dar.

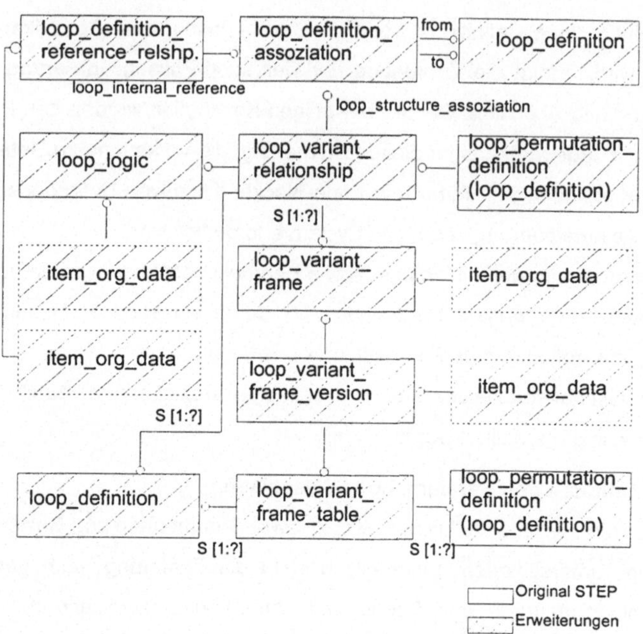

Bild 61: Die Entitäten für die Modellierung von Assoziationen und Varianten-Frames von Geschäftsprozessen.

Die Funktionen des ooEDMS für das Partialmodell "Geschäftsprozeß" ist in Anhang E.5 aufgelistet.

In den vorangegangen Kapiteln wurden die Informationsobjekte der E&K-Teams in Form von Partialmodellen beschrieben, d.h. Produkte, Dokumente und Methoden. Für die Abbildung von einzelnen Personen und teamorientierten Organisationen wurde ein weiteres Partialmodell eingeführt. Im Rahmen der Modellierung von Geschäftsprozessen im ooEDMS werden diese Partialmodelle logisch miteinander verknüpft. Das ooEDMS übernimmt die Steuerung der Ablauflogik sowie die Verwaltung der einzelnen Informationsobjekte und ihrer Zustände.

In Kapitel 3.1.2.7 sind weitergehende Funktionalitäten im ooEDMS beschrieben, die über eine reine Modellierung von Abläufen hinausgehen und zwischen den Beteiligten ein kooperatives Arbeiten ermöglichen. Das Ziel des folgenden Partialmodells "Kooperation" ist die rechnerunterstützte Gestaltung und Durchführung kooperativer Arbeiten in E&K.

4.6 Das Partialmodell "Kooperation" im ooEDMS

Eine Differenzierung des Begriffes "kooperatives Arbeiten" kann nach folgenden Kriterien erfolgen:

- nach den *prinzipiellen Ausprägungen von Beziehungsformen* zwischen Teammitgliedern [MACR90, FRFR93], (vgl. Kapitel 2.1.1)
- nach der *Charakterisierung von Aufgaben* [MCGR84], (vgl. Kapitel 2.1.2)
- nach der *Raum-Zeit-Klassifikation* [JOHA88], (vgl. Kapitel 2.1.3), sowie
- nach der *Klassifikation nach Anwendungsebenen,* [ELLI91] (vgl. Anhang B).

Die "Klassifikation nach Anwendungsebenen" eignet sich für die Ermittlung kooperativer Systemfunktionen im ooEDMS (vgl. Tabelle 9). In dieser Arbeit liegt der Schwerpunkt in der *Unterstützung von synchronen Konferenzen* mit bereits bestehenden E&K-Anwendungen (z.B. CAD) durch das ooEDM-System. Diese Einschränkung wird vorgenommen, da bestehende Anwendungen nicht modifiziert werden müssen. Die Benutzer arbeiten innerhalb der Konferenz mit ihren vertrauten Anwendungen [JELI92].

4.6.1 Basisansätze zur Unterstützung von Kooperationen in synchronen Konferenzen

Im folgenden sind relevante Basisansätze zur Unterstützung von Kooperationen in synchronen Konferenzen aufgeführt [ISHI90]:

- *Konferenz mit gemeinsamer Bildschirmdarstellung (Single-User-Application in a shared window or computer)*

  Alle Konferenzteilnehmer erhalten eine gemeinsame Bildschirmdarstellung, zu einem Zeitpunkt darf nur ein Teilnehmer Änderungen vornehmen [LANT86].

- *Konferenz mit gemeinsamen Daten (Applications in shared windows)*

  Die Konferenzteilnehmer teilen sich die Daten, indem sie mit Kopien der Originaldaten in unterschiedlichen Applikationen arbeiten [LAJO90].

Desweiteren existieren die nicht näher betrachteten Sonderformen, wie:

- *Konferenz mit gemeinsamen Daten und Multi-User-Applikationen (Multi-User-Applications in shared windows)*

  Dieser Ansatz erfordert die Entwicklung spezieller Multi-User-Applikationen, die eine gemeinsame Bearbeitung von Daten in einer Applikation erlauben. Neben der Entwicklung von speziellen Applikation ist hierzu auch eine Verfeinerung des Objektbegriffs zur konfliktfreien, gleichzeitigen Bearbeitung nötig [ELGI91].

- *Konferenz mit gemeinsamer Darstellung von Bildschirminhalten aller Teilnehmer (Tiling of individual workspace images)*

  Mehrere Fenster auf dem Bildschirm ermöglicht die Darstellung der Sichten aller Teilnehmer. Dabei sind die einzelnen Sichten aber getrennt und können nicht zusammengebracht werden [HAMI93].

- *Konferenz mit individuellen Bearbeitungsebenen (Overlaying of individual workspace images)*

  Unterschiedliche Bearbeitungsebenen können "übereinandergelegt" werden. Dieser Ansatz eignet sich z.B. für kreative, gestalterische Aufgaben. Die direkte Weiterverarbeitung der so erstellten Objekte ist nicht möglich [ISHI90].

4.6.2 Konferenz mit gemeinsamer Bildschirmdarstellung

Alle Teilnehmer erhalten nach dem Prinzip "What-You-See-Is-What-I-See" (WYSIWIS) die gleiche Darstellung am Bildschirm.

4.6.2.1 Struktur der Konferenz

Die Struktur der Konferenz mit gemeinsamer Bildschirmdarstellung ist in Bild 62 dargestellt. Zur Unterstützung der Konferenz wird ein *Konferenz-Agent* und ein *Konferenz-Manager* benötigt [nach LALA90].

Der *Konferenz-Agent* übernimmt die Verwaltung der Bildschirmdarstellung sowie der Eingabemedien der Benutzer. Jeder Benutzer erhält einen eigenen Konferenz-Agenten zugeordnet. Mit ihm kann er neue Konferenzen initiieren oder an bestehenden Konferenzen teilnehmen. Zu jedem Zeitpunkt einer Konferenz kann nur ein Teilnehmer die

Daten ändern (aktiver Teilnehmer). Alle anderen Teilnehmer erhalten die gleiche Darstellung an ihrem Bildschirm und können ihrem Konferenz-Agenten ihre Anforderungen mitteilen, wie Zuweisung des Zugriffsrechts. Diese werden an den gemeinsamen Konferenz-Manager weitergeleitet.

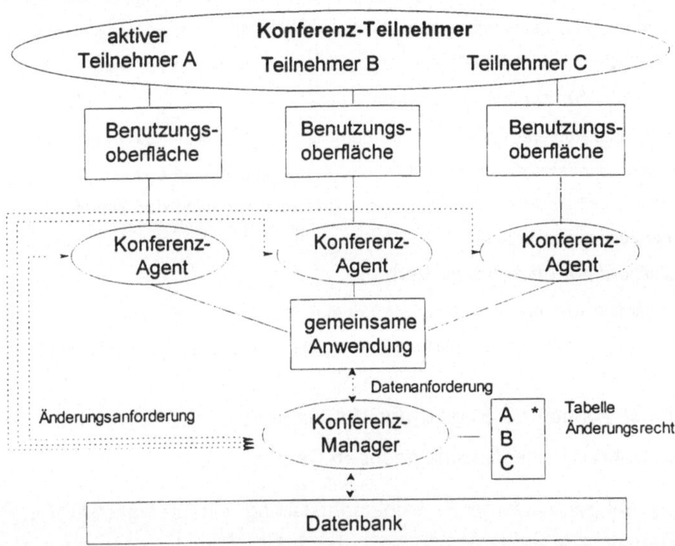

Bild 62: Struktur einer Konferenz mit gemeinsamer Bildschirmdarstellung

Der *Konferenz-Manager* übernimmt die Verwaltung und Synchronisation der Gruppenzusammensetzung, wie das An- und Abmelden aus der Konferenz. Er verwaltet je Konferenz eine Tabelle, die alle Teilnehmer enthält und ordnet ihnen das Zugriffsrecht gemäß ihren Anforderungen zu. Die Teilnehmer haben nur über den Konferenz-Manager Zugriff auf Daten. Durch die Anforderung des Konferenz-Agenten holt der Konferenz-Manager die Daten aus der Datenbank und gibt die geänderten Daten wieder an die Datenbank zurück.

4.6.2.2 Zugriffsprotokolle

Die Verwaltung des Zugriffsrechts innerhalb der Konferenz kann auf unterschiedliche Weise (Protokolle) erfolgen:

- *Warteschlangen-Prinzip*

  Der Konferenz-Manager verwaltet eine Warteschlange (Liste) für die Zugriffe. Anforderungen für die gewünschten Zugriffe der Konferenzteilnehmer werden in die Warteschlange eingetragen. Je nach Prinzip wie "first-come-first-serve", wird der Zugriff den Teilnehmer in der Warteschlange zugeteilt.

- *Zugriffsrecht zur zentralen Vergabe*

  Der Initiator einer Konferenz übernimmt die dominierende Rolle als "Zugriffsverwalter". Er ist für die Vergabe des Zugriffsrechts verantwortlich, d.h. er teilt dem Konferenz-Manager mit, welcher Teilnehmer das Zugriffsrecht erhalten soll. Der Zugriffsverwalter kann das Zugriffsrecht vom aktiven Teilnehmer auch zurückfordern.

- *Zugriffsrecht zur dezentralen Vergabe*

  Das Zugriffsrecht wird entweder über den Konferenz-Manager oder direkt an einen anderen Teilnehmer weiter geleitet. Beim Verlassen der Konferenz wird das Zugriffsrecht automatisch freigegeben.

Die Teilnehmer können zu Beginn der Konferenz das Zugriffsverfahren bestimmen. Dieses kann während einer Sitzung geändert werden.

"Konferenzen mit gemeinsamer Bildschirmdarstellung" sind geeignet für Aufgaben aus dem E&K-Umfeld, wie die Analyse von Ergebnissen sowie für die Darstellung des momentanen Standes der Arbeit. Sie sind für kreative Aufgaben, wie Ideenfindung ungeeignet, da sie keine individuellen Sichten und kein isoliertes Arbeiten unterstützen. Kreative Sitzungen in E&K sind durch hohe Änderungsgrade charakterisiert, so daß das Warten auf das Zugriffsrecht bei der Suche nach Ideen hemmend wirkt. Für diesen Fall wird das zweite Partialmodell Kooperation II (vgl. Kapitel 4.6.3.3) benötigt.

4.6.2.3 Partialmodell "Kooperation I"

Ziel des Datenmodells "Kooperation I" ist die Unterstützung von Aufgaben in Konferenzen mit gemeinsamer Bildschirmdarstellung. Über die ooEDMS-Plattform werden allen Teilnehmern die Funktionen für das Initiieren einer Konferenz, für die Zuordnung des Änderungsrechts am betreffenden Objekt und für die Erfassung einer Konferenzhistorie bereitgestellt.

Aufbau des Partialmodells "Kooperation I"

In Bild 64 zeigt den prinzipiellen Aufbau des Datenmodells "Kooperation I".

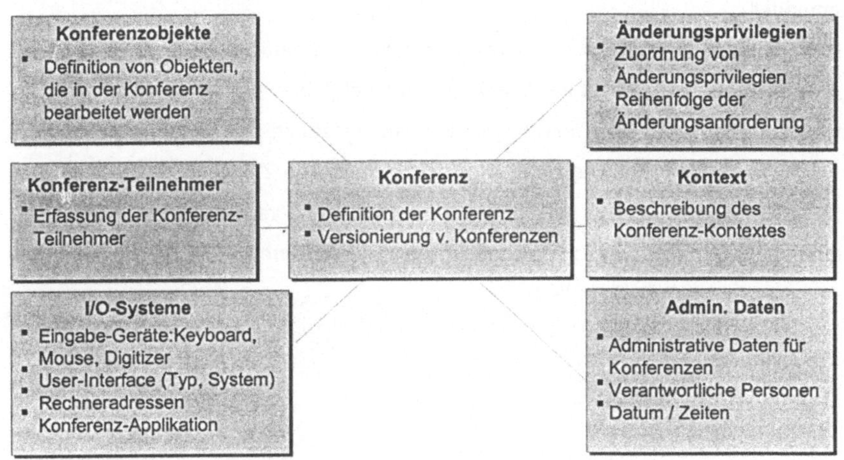

Bild 63: Prinzipieller Aufbau des Partialmodells „Kooperation I"

Bei den bisherigen Partialmodellen wurden jeweils Basisanforderungen aus STEP sowie STEP-Schwachstellen dargestellt. Diese Betrachtungen entfallen hier, da die STEP-Norm bislang keine kooperativen Aspekte berücksichtigt.

Beschreibung des Partialmodells "Kooperation I"

In Bild 64 ist das Datenmodell "Kooperation I" in graphischer Form (EXPRESS-G) dargestellt. Eine Konferenz wird durch das Entity "conference" modelliert. Das Administrationsmodell erfaßt den Initiator, die Zeit, das Datum etc.. Vorlage für die Modellierung ist das Administrationsmodell des Partialmodells "Produkt". Einer Konferenz lassen sich verschiedene Versionen zuordnen. Diese entstehen z.B. durch das An- und Abmelden von Teilnehmern an der Konferenz. Über das Entity "conference_ version" läßt sich die Historie, und damit die Entwicklung der Konferenz über der Zeit verfolgen. Jeder Konferenzversion wird eine "conference_definition" zugewiesen, die eine Beschreibung für die neue Version beinhaltet.

Die Teilnehmer einer Konferenz werden über das Entity "user_related_conference" der Konferenz zugeordnet. Die personellen Grunddaten der Teilnehmer stammen aus dem Teammodell.

In jeder Konferenzversion werden mehrere Objekte bearbeitet. Die verschiedenen Objekte werden über das Entity "conference_object_table" der Konferenzversion zugeordnet. Änderungen an einem Objekt können nur durch den Konferenzteilnehmer durchgeführt werden, der das Änderungsrecht besitzt. Die Zuteilungsarten des Änderungsrechts sind durch die Entitäten "sequence_regulation_by_ protocol", "sequence_regulation _by_conference_initiator, und durch "sequence_ regulation_by_actual_order" repräsentiert.

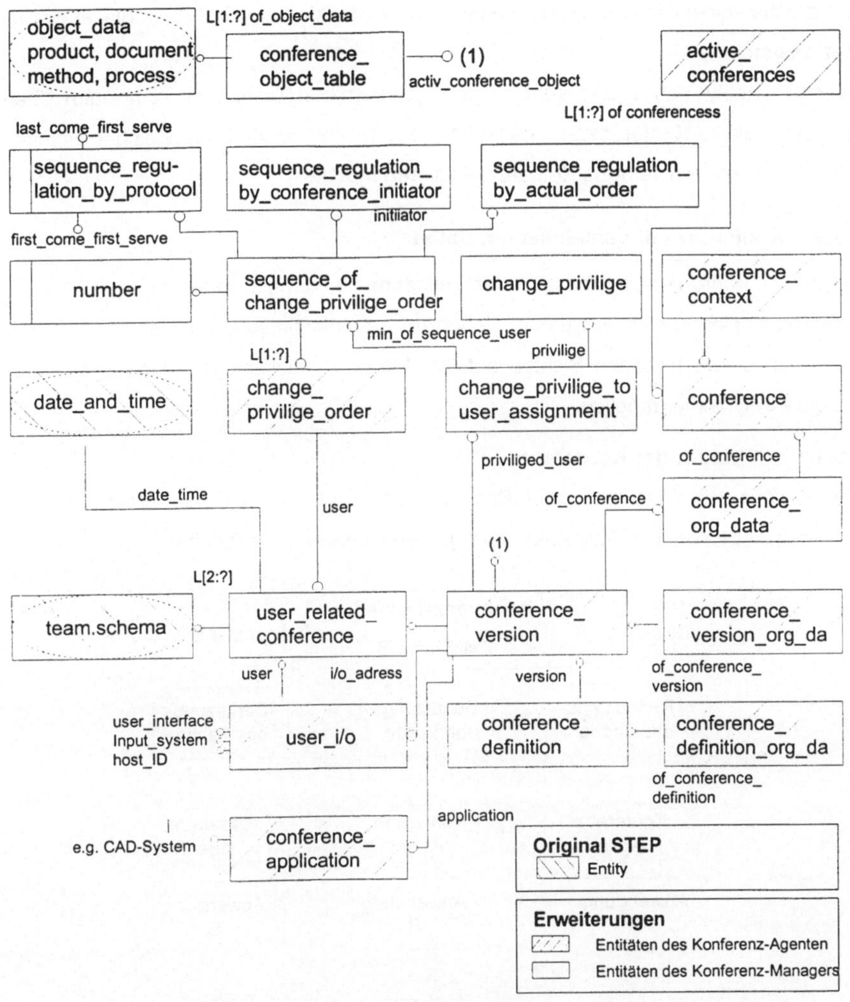

Bild 64: Partialmodell Kooperation I (Konferenz mit gemeinsamer Bildschirmdarstellung)

Die Entitäten "user-I/O" und "conference_application" erfassen die Rechneradressen der Beteiligten, ihre Eingabemöglichkeiten und ihre Benutzungsoberflächen, um eine einheitliche Darstellung zu gewährleisten, sowie die aktive Applikation in dieser Konferenzversion.

Über das Entity "active_conferences" kann jeder (neue) Teilnehmer sich einen Überblick über aktive Konferenzen verschaffen, um zu entscheiden, bei welcher er mitarbeiten, bzw. ob er eine neue Konferenz initiieren möchte.

4.6.3 Konferenz mit gemeinsamen Daten

Bei dieser Konferenzart arbeitet jeder Teilnehmer innerhalb seiner eigenen Anwendung mit Kopien der Originaldaten. Neben der gemeinsamen Darstellung (WYSIWIS) sind auch unterschiedliche Sichten auf Objekte und gleichzeitige Änderungen durch mehrere Teilnehmer möglich.

4.6.3.1 Struktur der Konferenz

Die Struktur der Konferenz zeigt Bild 65. Jeder Teilnehmer erhält seinen eigenen Konferenz-Agenten. Die Aufgaben des Agenten sind oben beschrieben.

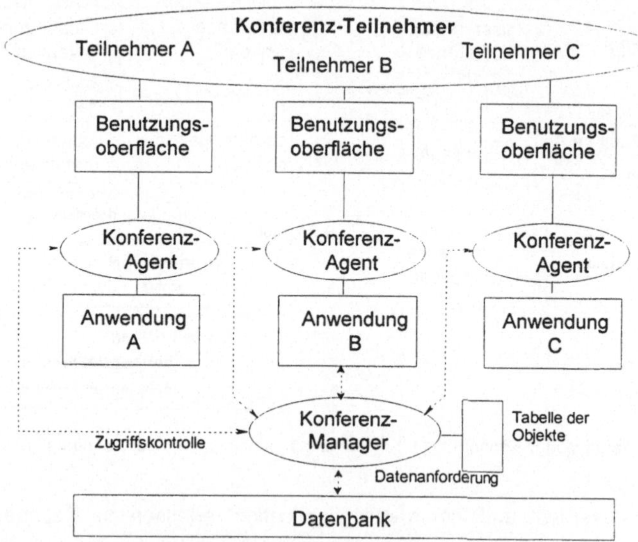

Bild 65: Struktur einer Konferenz mit gemeinsamen Daten

Der Konferenz-Manager aktiviert und beendet eine Konferenz. Neben der Verwaltung des Gruppenkontexts, der verschiedenen Anwendungen sowie den Zugriffsrechten, ist er für die Synchronisation der Bearbeitung aller Objekte innerhalb der Konferenz verantwortlich. Sämtliche Anwendungen können nur über den Konferenz-Manager auf Daten aus der Datenbank zugreifen.

4.6.3.2 Zugriffsprotokolle

In einer Konferenz mit gemeinsamen Daten wird für jedes Objekt bzw. für jede Objektgruppe ein Zugriffsrecht (kurz: Token) benötigt. Die Bildung von Objektgruppen ist sinnvoll, wenn logisch zusammenhängende Objekte (z.B. Produkt mit zugehörigen Dokumenten) bearbeitet werden sollen. Die Verwaltung der Zugriffsrechte innerhalb dieser Konferenz kann auf folgende Weisen erfolgen:

- *Warteschlangen*

  Der Konferenz-Manager verwaltet für jedes Objekt eine Zugriffswarteschlange (z.B. first-come-first-serve). Nach jeder Änderung wird das betreffende Objekt in der Datenbank aktualisiert.

- *Freier Modus*

  Bei diesem Protokoll liegt eine "optimistische" Strategie des "Kopieren-Ändern-Mischen-Freigeben" zugrunde [MARO91]. Jeder Teilnehmer erhält Kopien der gewünschten Objekte vom Konferenz-Manager. Diese Kopien können beliebig geändert werden. Beim Zurückschreiben der geänderten Kopien durch die Anwendung an den Konferenz-Manager werden die betreffenden Objekte aktualisiert. Bei der Aktualisierung können allerdings einige Probleme auftreten (s.u.).

"Konferenzen mit gemeinsamen Daten" eignen sich für Aufgaben aus dem E&K-Umfeld mit hohen Änderungsraten. Sie unterstützen kreative Aufgaben durch individuelle Sichten und Möglichkeiten des isolierten, konzentrierten Arbeitens (eigene Ideenfindung, -verfeinerung).

4.6.3.3 Partialmodell Kooperation II

Wesentlicher Unterschied des Partialmodells Kooperation II zu dem vorangegangenen ist, daß Änderungen an Objekten durch mehrere Personen durchgeführt werden können. Die Erweiterung im Partialmodell ist die Erfassung des "Objekt-Bearbeitungsstatus". Dieser neue Bereich ermöglicht eine differenzierte Betrachtung von Objekten, die sich der Benutzer zur Änderung bereitgestellt hat und dient gleichzeitig zur Synchronisation bei Änderungen von verschiedenen Teilnehmern an einem Objekt. Auf die Mechanismen zur Lösung möglicher Konflikte wird nach der Beschreibung des Datenmodells eingegangen.

In diesem Kapitel werden die relevanten Unterschiede zum vorherigen Datenmodell aufgezeigt. Bild 66 verdeutlicht die Zusammenhänge zwischen den Entitäten.

Durch das Entity "user_application_in conference" kann jedem KonfereNzteilnehmer eine spezifische Applikation zugewiesen werden. Jeder Teilnehmer erhält Kopien der gewünschten Objektdaten vom "Konferenz-Manager". Durch das Entity "object_related_user" wird eine Tabelle abgebildet, in der die Zuordnung zwischen den Objekten und den Teilnehmern der Konferenz festgehalten ist. Die Änderungen können auf zwei Arten erfolgen: nach dem Prinzip der Warteschlange bzw. im freien Modus. Bei der Aktualisierung der Ursprungsdaten durch die geänderten Kopien können Konflikte auftreten.

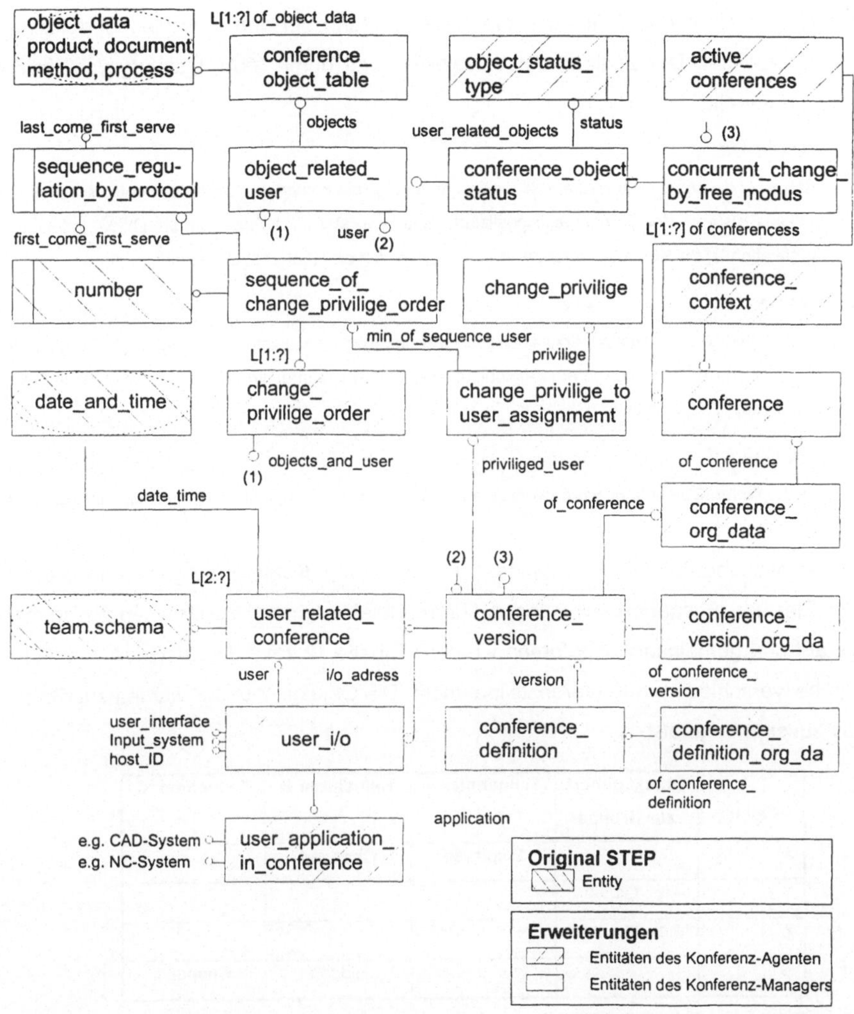

Bild 66: Datenmodell Kooperation II für die Unterstützung von Aufgaben in Konferenzen mit gemeinsamen Daten

Ein Ansatz zur Lösung des Aktualisierungsproblems stellt das Entity "conference_object_status" dar. Es handelt sich hierbei um eine Tabelle von Bearbeitungsobjekten in der Konferenz, die deren Zustand bei den verschiedenen Teilnehmern verwaltet. Der Zustand eines Objektes wird durch "object_status_type" in drei Arten unterteilt:

- *displayed*:

  das zu ändernde Objekt wird am Bildschirm angezeigt, die kopierten Objektdaten entsprechen ihrem Originalzustand, der Teilnehmer signalisiert seine bevorstehende Änderung am Objekt, oder seine Motivation ist die Kontrolle laufender Änderungen durch die Konferenzteilnehmer.

- *hidden*:

  das Objekt wird momentan nicht am Bildschirm des Konferenzteilnehmers angezeigt, die kopierten Objektdaten entsprechen ihrem Originalzustand, der Teilnehmer verhält sich momentan in Bezug auf dieses Objekt passiv.

- *changed*:

  die kopierten Objektdaten wurde vom Benutzer geändert, das Objekt kann angezeigt oder verborgen gehalten werden.

Die Verwaltung des Objektzustandes ist Aufgabe des Konferenz-Agenten im Rahmen der Ein- und Ausgabe-Verwaltung. Mehrere Objekte können zu Gruppen zusammengefaßt und gemeinsam angefordert werden. Tabelle 12 zeigt die Zustände von Objekten bei verschiedenen Konferenzteilnehmern. Die Objekte Y und Z wurden zur Gruppe G1 zusammengefaßt.

Objekte	**Objekt gehört zur Gruppe**	**Teilnehmer A**	**Teilnehmer B**	**Teilnehmer C**
X		Displayed	Changed	
Y	G1			
Z	G1			
G1			Hidden	Changed

Tabelle 12: Tabelle des Entity "conference_object_status" im Konferenz-Manager zur Verwaltung der Objekte

Die Tabelle des Entity "conference_object_status" wird zu Beginn einer Konferenz angelegt. Durch das Anfordern von Objektdaten aus der Datenbank bzw. nach dem Generieren eines neuen Objektes durch die Konferenzteilnehmer werden die Objekte in die Tabelle eingefügt. Jeder Teilnehmer, der Änderungsabsichten an bestimmten Objekten besitzt, erhält eine Kopie der Objektdaten. Bei Änderung der Daten verändert sich ihr Status in "changed". Will der Teilnehmer die geänderten Objektdaten abspeichern sind folgende Fälle zu unterscheiden:

1. Es existiert kein weiterer Teilnehmer, der Änderungen an diesen Objektdaten durchgeführt hat. Keiner der Teilnehmer hat das Objekt auf dem Bildschirm angezeigt. Die geänderten Objektdaten werden gespeichert. Teilnehmern mit Eintrag "Hidden" wird das Objekt entweder entzogen oder es wird im Hintergrund aktualisiert.
2. Es existiert kein weiterer Teilnehmer, der Änderungen an diesen Objektdaten durchgeführt hat. Ein oder mehrere Teilnehmer haben das Objekt auf dem Bildschirm. Die geänderten Objektdaten werden gespeichert. Teilnehmer mit Eintrag "Displayed" werden benachrichtigt. Teilnehmern mit Eintrag "Hidden" wird das Objekt entweder entzogen oder es wird im Hintergrund aktualisiert.
3. Es existieren mehrere Teilnehmer, die Änderungen an diesen Objektdaten durchgeführt haben. Ein oder mehrere Teilnehmer haben das Objekt auf dem Bildschirm. Der Konflikt muß durch eine vereinbarte Konfliktlösungsstrategie (s.u.) gelöst werden. Die geänderten Objektdaten werden anschließend gespeichert, Teilnehmer mit Eintrag "Displayed" werden benachrichtigt. Teilnehmern mit Eintrag "Hidden" wird das Objekt entweder entzogen oder es wird im Hintergrund aktualisiert.

4.6.3.4 Konfliktlösungsstrategien in einer Konferenz mit gemeinsamen Daten

Es wird zwischen folgenden Konfliktlösungsstrategien unterschieden:

Auswahlverfahren

Der Konferenz-Manager kann die Qualität der erarbeiteten Lösungen nicht beurteilen. Er überprüft lediglich die notwendigen Kriterien, die zum Speichern der Lösungen erforderlich sind. Dieses Prinzip führt dazu, daß die zuletzt gespeicherte Lösung die anderen überschreibt. Selbst bei Absprachen zwischen den Teilnehmern der Konferenz ist dieses Prinzip nicht geeignet: Ein Teilnehmer, der eine private Kopie des betreffenden Objekts (eigenständige Lösung) hält, könnte sich von der Konferenz temporär entfernen, ohne sich davon abzumelden. Werden während seiner Abwesenheit durch die anderen Teilnehmer Absprachen getroffen, könnte der zurückkehrende Teilnehmer durch die Speicherung seiner Lösung unwissentlich die Absprache der anderen verletzen.

Beim zentralen Auswahlverfahren erfolgt die Auswahl der Lösung durch den Konferenzleiter. Dieser erhält im Konfliktfall vom Konferenz-Manager alle erarbeiteten Lösungen. Er ist einziger Inhaber des Objektes und kann nach Absprache mit den anderen Teilnehmern eine ausgewählte Lösung abspeichern.

Beim dezentralen Auswahlverfahren einigen sich die Teilnehmer ohne zentrale Instanz, welche Lösung für das betreffende Objekt zurückgeschrieben werden soll. Die restlichen Lösungen werden gelöscht.

Mischen von Lösungen

Diese Konfliktlösungsstrategie erfordert Zusatzanwendungen, die nicht nur die Auswahl, sondern auch das Mischen mehrerer privater Objekte (Lösungen) ermöglichen. Das Mischen kann wiederum zentral durch den Konferenzleiter, aber auch dezentral erfolgen. Jeder Teilnehmer bringt seine privat erarbeitete Lösung in eine gemeinsame Lösung ein. An dieser gemeinsamen Lösung kann jeder ändern (z.B. strenges WYSIWIS beim Mischen). Durch die Einarbeitung und Abstimmung der Lösungen kann die gemeinsame Lösung gespeichert werden.

Beim *Mischen* können die privat erarbeiteten Lösungen nicht einfach übereinandergelegt werden, da z.B. Teilnehmer A bei Objekt X ein Attribut y gelöscht hat, während Teilnehmer B das Attribut y von Objekt X geändert hat. Deshalb müssen die Änderungen im Vergleich zum Original sichtbar gemacht werden (z.B. Fenster mit Original und Fenster mit Änderung, Farbe) und dem Verantwortlichen zugeordnet werden können. Dies sind bereits speziell für die Konferenzunterstützung entwickelte Anwendungen.

5 Die Referenzarchitektur für das objektorientierte EDM-System

Für die Unterstützung von teamorientierten Organisationsformen in E&K entlang ihrer Leistungsprozesse wird die folgende ooEDMS-Referenzarchitektur beschrieben (vgl Bild 67). Sie besteht aus logischen Schichten, die:

- der Verwaltung von Partialmodellen (entspricht im ooEDMS einer eigenständigen Objektklasse) und ihrer Instanzen dienen,
- die Zusammenarbeit zwischen den beteiligten Personen in den jeweiligen Leistungsprozessen unterstützen,
- die EDM-Funktionen bereitstellen und die
- die Interaktion zwischen Mensch und Maschine über die Benutzungsoberfläche des Systems ermöglichen.

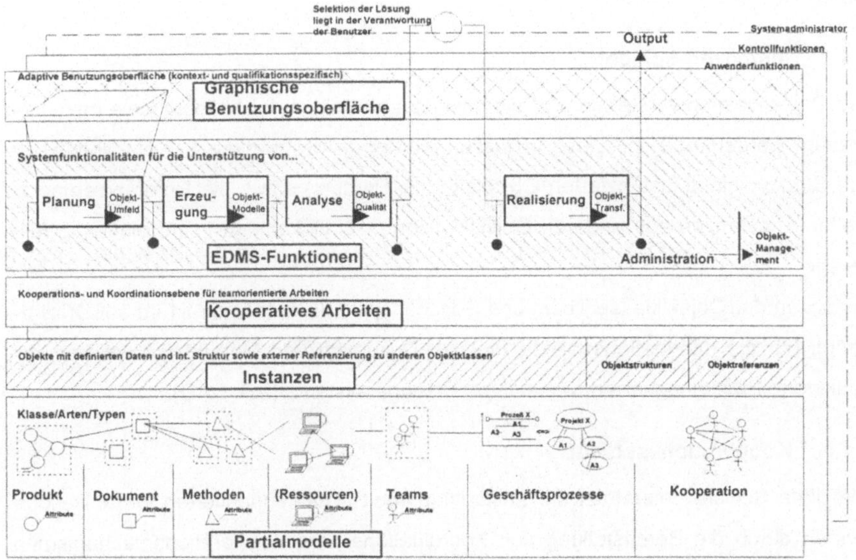

Bild 67: Referenzarchitektur des ooEDMS zur Unterstützung teamorientierter Organisationsformen

Nach der Beschreibung der einzelnen Schichten erfolgt die Darstellung der Systemfunktionen des ooEDMS.

5.1 Der Aufbau der ooEDMS-Referenzarchitektur

5.1.1 Partialmodell-Schicht (Objektklassen)

Die erste Schicht der Referenzarchitektur enthält die beschriebenen Partialmodelle. Diese entsprechen den Objektklassen des E&K-Gegenstandbereichs. Die Objektklassen *Produkt*, *Dokument* und *Methoden* stellen dabei die Informationsobjekte in E&K dar. Zur Abbildung von teamorientierten Organisationsstrukturen wird die Objektklasse *Team* benötigt. Die parallelen und sequentiellen Strukturen der E&K-Arbeitsprozesse erfordern die Objektklasse *Geschäftsprozesse* zur dv-technischen Modellierung. Parallele Arbeitsprozesse basieren auf einem hohen Kommunikationsaufwand, der auf den Austausch von Inhalten abzielt. Für diesen synchronen Aspekt wird die Objektklasse *Kooperation* benötigt.

5.1.2 Instanzen-Schicht

Die Objektklassen verstehen sich als "Instanzfabriken", in der beliebig viele Instanzen erzeugt werden können. Diese Instanzen werden in der zweiten Schicht abgebildet. Die Struktur eines instanzierten Objektes (z.B. Produkt) sowie die Referenzierung zu weiteren Instanzen aus anderen Objektklassen (z.B. Dokumente) sind eindeutig festgelegt.

Instanzen der Objektklasse Team und Geschäftsprozeß werden direkt im ooEDMS erzeugt. Für die Informationsobjekte Produkt, Dokument und Methoden existieren verschiedene Erzeugungsarten, wie externe Erzeugersysteme (z.B. CAD).

5.1.3 Kooperationsschicht

Die dritte Schicht unterstützt die Zusammenarbeit in teamorientierten Organisationsformen durch die Bereitstellung von Koordinations- und Kooperationsmechanismen. Zur Koordination von verschiedenen Aktivitäten im Rahmen eines Leistungsprozesses dienen Instanzen der Objektklasse *Geschäftsprozeß*, die die Abbildung sequentieller als auch paralleler Abläufe (Teilprozesse) ermöglicht.

Zu den Kooperationsmechanismen zählt die in Kapitel 4.6 beschriebene Konferenzunterstützung, die die Durchführung verteilter Echtzeit-Konferenzen zwischen den beteiligten Personen ermöglicht. In der vorliegenden Arbeit wurden die Mechanismen einer gemeinsamen Sicht auf Daten bzw. der Zugriff auf gemeinsame Daten (Objekte) in unterschiedlichen Applikationen näher erläutert. Diese Kooperationsmechanismen können auf alle Funktionen des ooEDMS durch die Teammitglieder angewendet werden.

5.1.4 Funktions-Schicht

Die vierte Schicht beinhaltet die Anwendungsfunktionen des ooEDMS. Zielsetzung der Funktions-Schicht ist die phasenbezogene Bereitstellung relevanter Funktionen entlang von Lösungsprozessen, wie er z.B. in VDI 2222 beschrieben wird. Das strukturierte Vorgehen teilt sich darin in die Phasen *Planung*, *Erzeugung* (Synthese), *Evaluation* (Analyse), *Selektion* und *Realisierung* auf. Die Basis bildet dabei die kontinuierliche *Administration* der Objektdaten (Objektmanagement).

- *Planung*

  Die Planung bestimmt den Lösungsraum der Aufgabenstellung durch Erfassung von beschreibenden Informationen der Objekte im aktuellen Zustand (z.B. Lastenheft), von Randbedingungen (Konvergenz- und Relevanzkriterien), sowie von bekannten Lösungen ähnlicher Aufgabenstellungen. Zur *Planung* gehört auch die Organisation von Ressourcen zur Aufgabendurchführung. Das Ergebnis der *Planung* ist die möglichst vollständige Beschreibung des Objektumfeldes. Objektspezifische Funktionen des ooEDMS in dieser Phase sind z.B. "suchen", "analysieren", oder "vergleichen".

- *Erzeugung*

  In der Phase *Erzeugung* werden durch Erzeugersysteme objektspezifische Informationen generiert. Sie führen in Abhängigkeit des Integrationsgrades zum ooEDMS zu Instanzen. Im Vorfeld werden aus der Planungsphase sämtliche relevanten Informationen über das Objektumfeld bereitgestellt. Das idealtypische Ergebnis dieser Phase sind verschiedene alternative Lösungen. Typische objektspezifische Funktionen des ooEDMS in dieser Phase sind z.B. "generieren ", "konfigurieren von Strukturen und Referenzen" oder "modifizieren".

- *Evaluierung*

  In der Phase *Evaluierung* wird die Qualität der alternativen Objektmodelle bestimmt. Das Ergebnis ist die Ermittlung der Objektqualität. Die *Evaluierung* kann durch die Bereitstellung bzw. Aktivierung standardisierter Methoden und innerbetrieblicher Richtlinien unterstützt werden. Objektspezifische Funktionen des ooEDMS in dieser Phase sind z.B. "analysieren".

- *Selektion*

  Auf der Basis der Analyseergebnisse wird in der vierten Phase die *Selektion* durchgeführt, d.h. die Lösung identifiziert und ein Objektmodell als Ergebnis der Aufgabenstellung festgelegt. Die Selektion liegt in der Verantwortung des Anwenders und befindet sich "außerhalb" der Referenzarchitektur.

- *Realisierung*

  Die fünfte Phase *Realisierung* transformiert die rechnerinterne Objektbeschreibung in die reale Welt. Hierbei handelt es sich in der Regel um eine Ausgabe (z.B. drucken).

- *Administration*

  Die kontinuierliche *Administration von Objektmodellen* sorgt für eine transparente Informationsverwaltung der Objekte, ihrer Zustände und Beziehungen im ooEDMS. Typische Funktionen des ooEDMS sind "speichern", "versionieren", "ersetzen", "zuordnen", "löschen", "schützen", "archivieren".

5.1.5 Benutzungsoberfläche

Die letzte Schicht der Referenzarchitektur umfaßt die Benutzungsoberfläche (Benutzungsschnittstelle), durch die der Anwender Zugang zu den Objekten und ooEDMS-Funktionen erhält. Ihr Erscheinungsbild und Verhalten orientieren sich an den Grundsätzen zur Dialoggestaltung nach DIN 666234 Teil 8: Aufgabenangemessenheit, Selbstbeschreibungsfähigkeit, Steuerbarkeit, Erwartungskonformität, und Fehlerrobustheit.

Ein wesentlicher Unterschied zwischen der EDM-Benutzungsoberfläche einer Einbenutzer-Anwendung und des ooEDM-Systems besteht darin, daß sie nicht nur die Aktionen des Benutzers anzeigen muß, sondern im Falle des kooperativen Arbeitens auch die Aktionen der anderen Benutzer. Die ooEDMS-Benutzungsoberfläche ist nicht mehr nur die Schnittstelle zum Computer, sondern auch zu den anderen "Konferenzteilnehmern".

5.2 Die Systemfunktionen des ooEDMS

Für das ooEDM-Systems lassen sich drei Kategorien von Funktionen für den Benutzer definieren:

- *Anwendungsfunktionen:*

  Durch die Anwendungsfunktionen des ooEDMS können privilegierte Benutzer die verschiedenen Objekte Produkt, Dokument, Methoden, teamorientierte Organisationsformen und Geschäftsprozesse planen, erzeugen und verändern sowie bewerten und verwalten.

- *Kontrollfunktionen*

  Die Steuerung und Kontrolle dynamischer Vorgänge wie Geschäftsprozesse übernehmen die interne Kontrollfunktionen des ooEDMS. Hierzu zählen Funktionen für die automatische Systemsteuerung (Laufzeitumgebung). Ferner ermöglichen die Monitoring- und Reporting-Funktionen eine aktuelle Beauskunftung über den Zustand eines Geschäftsprozesses und seiner assoziierten Objekte.

- *Funktionen für die Systemadministration*

  Die Konfiguration des ooEDMS erfolgt durch den Systemadministrator, wie die Erweiterung der Datenmodelle, das Einrichten von weiteren Personen, die Anpassung interner Steuerungsmechanismen und die direkte Manipulation aller Objekte innerhalb der Datenbank.

5.2.1 Anwendungsfunktionen

Die vollständige Auflistung von objektspezifische Funktionen ist in Anhang E angegeben. In diesen Tabellen erfolgt eine detaillierte Beschreibung, auf welche Entitäten im jeweiligen Datenmodell sich eine Funktion (z.B. neu anlegen) beziehen kann. Alle ooEDMS-Funktionen können von mehreren Teilnehmern in einer Konferenz gleichzeitig angewendet werden. Diese Multiuser-Fähigkeit wird durch die Schicht "Kooperation" erreicht.

5.2.2 Kontrollfunktionen

Durch systeminterne Kontrollfunktionen erfolgt die Steuerung und Kontrolle von Geschäftsprozessen und deren Objekten.

- *Monitoring-Funktionen* unterstützen die Auskunft über den aktuellen Zustand eines sich im Ablauf befindlichen Geschäftsprozesses. Die Funktionen sind Zustandsanzeigen, Warnmeldungen, Fehleranzeigen und Auswertungen

- *Vollständigkeits- und Konsistenz-Analysen* überprüfen die Objektinstanzen des ooEDMS. Erst wenn keine Inkonsistenzen mehr auftreten, kann die weitere Bearbeitung erfolgen.
- Der *interne Reportgenerator* ist für die Generierung bzw. die Ausgabe von protokollierten Aktivitäten im Log aller Komponenten zuständig.
- *Funktionen für die interne Koordination von Geschäftsprozessen* stellen die automatische Systemsteuerung für die Laufzeitumgebung dar. Jedem Geschäftsprozeß wird ein "interner Koordinator" zugeordnet, der dafür sorgt, daß der Geschäftsprozeß korrekt abgearbeitet wird und die beteiligten Mitarbeiter mit den auszuführenden Aktionen versorgt werden. Die Funktionen sind die automatische Überführung der Zustände von Loops und Blöcken, das Starten von Kind-Loops, die Überprüfung von Privilegien, die Protokollierung von Manipulationen an Objekten sowie die Übermittlung von anstehenden Aktionen an den externen Koordinator.
- *Funktionen für die externe Koordination* bildet die Schnittstelle zwischen der Laufzeitumgebung eines Geschäftsprozesses (interner Systemkoordinator) und den beteiligten Mitarbeitern. Jeder Mitarbeiter erhält seinen eigenen "externen-Systemkoordinator". Aufgabe des "externen Systemkoordinators" ist es, dem Mitarbeiter die Einflußnahme auf die Ablaufsteuerung zu ermöglichen durch Anzeigen und Bearbeitung von Aktionen, Durchführung von Änderungen an Loops bzw. Blöcken und Überblick über Teamstrukturen.

Bild 68 verdeutlicht die Zusammenhänge zwischen internem und externem Systemkoordinator.

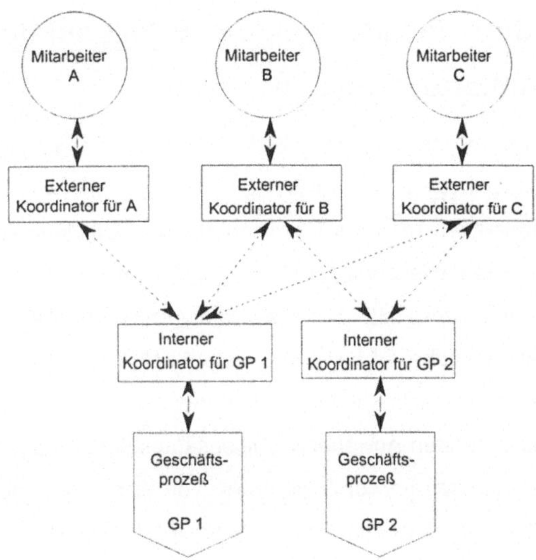

Bild 68: Zusammenhang zwischen Internen- / Externen-Systemkoordinator

5.2.3 Funktionen für die Systemadministration

Die Funktionen für die Systemadministration dienen dazu, das ooEDMS zu konfigurieren und interne Steuerungsmechanismen zur Verfügung zu stellen. Der Zugang zu diesen Funktionen ist nur bestimmten Personen (Supervisor) möglich. Die Funktionen sind:

- *Erweiterung bzw. Anpassung der Datenmodelle* an betriebspezifische Randbedingungen. Hierdurch darf keine Beeinträchtigung der Funktionalität des ooEDMS erfolgen.
- *Verwaltung von Mitarbeitern.* Hierunter fällt sowohl das Neuanlegen von Mitarbeitern als auch die Zuordnung von Prioritäten.
- *Direkter Zugriff auf Objekte* innerhalb der Datenbank. Diese Funktion ist notwendig, um auf Notfälle, z.B. inkonsistente Daten oder Fehlfunktionen des Systems reagieren zu können.

6 Prototypische Realisierung des EDMS auf der Basis objektorientierter Systeme

Für die prototypische Realisierung des ooEDMS wird ein durchgängig objektorientierter Ansatz gewählt. Sowohl die Implementierung der Programme wie auch die Datenhaltung erfolgt objektorientiert. Über die Eigenschaften der Objektorientierung liegen bereits umfangreiche Erkenntnisse vor [SWA91], [MIT89]. In Anhang F sind die wesentlichen Prinzipien zusammengefaßt. Für die prototypische Realisierung des ooEDMS wird die Programmiersprache C^{++} und die Datenbank ObjectStore© verwendet. Die beiden folgenden Kapitel beschreiben kurz die relevanten Implementierungsaspekte.
In dem daran anschließenden Anwendungsbeispiel aus dem Anlagenbau wird die Modellierung von Projektteams im ooEDMS sowie von einem Angebotsprozeß demonstriert. Die Darstellung eines Konferenzablaufs vervollständigt das Leistungsprofil des ooEDM-Systems.

6.1 Die ooDatenbank ObjectStore© als Basis des ooEDMS

Die Datenbank ObjectStore® gehört zur Kategorie der objektorientierten Datenbanken. Es wird seit 1990 von Objekt Design Inc. kommerziell vertrieben. ObjectStore ist unter UNIX auf diversen Workstations (Sun, HP, IBM, DECstation) und unter MS-Windows auf PC verfügbar. ObjectStore besitzt eine Client-Server-Architektur, wobei mehrere Clients und mehrere Server erlaubt sind. Jede Datenbank wird von genau einem Server verwaltet. Der Server verwaltet die Speicherstrukturen, das Sperren von Objekten und einen Puffer (Cache). Auf ObjectStore® kann aus C und C++-Programmen mit Aufrufen von Bibliotheksfunktionen sowie durch die eigene *Data Definition and Manipulation Language* (DML) zugegriffen werden.
Gemäß den Eigenschaften von objektorientierten Datenbanken aus Anhang G wird in der folgenden Tabelle 13 das Profil von ObjectStore® aufgezeigt:

ooDB-Eigenschaft	Ausprägung der Datenbank ObjectStore©
Komplexe Objekte	ObjectStore stellt Klassen zur Verfügung, mit deren Hilfe neben den oben erwähnten Typkonstruktoren noch ein Array- und ein Bagkonstruktor simuliert werden können:
Objektidentität	ObjectStore übernimmt die Objektidentität (Klassendefinitionen) von C++.
Generische Operationen	Der Zugriff auf Instanzen erfolgt entweder über Datenbankeinstiegspunkte oder über Selektionsausdrücke. Datenbankeinstiegspunkte sind Objekte, die dem Entwickler einen kontrollierten Zugang in die Datenbank bieten. Von Datenbankeinstiegspunkten aus können durch Navigation andere Objekte erreicht werden. Selektionsausdrücke sind deskriptive Anfragen. Mit Hilfe dieser Ausdrücke können Instanzen selektiert werden.
Integritätsbedingungen	Private, geschützte, und öffentliche Attribute werden von ObjectStore nicht unterstützt. Dies erfordert die Programmiersprache C++. Dagegen können inverse Beziehungen unter Angabe von Kardinalitäten (1:1, 1:n, n:m) definiert werden.
Persistenz	Jedes Objekt (Instanz oder Klasse) oder jeder Wert kann persistent gemacht werden.
Manipulationssicherheit	ObjectStore stützt sich auf die Funktionalität des Betriebssystems UNIX. UNIX wird in der Gruppe C klassifiziert.
Transaktionen und Concurrency Control	ObjectStore unterstützt neben einfachen (ACID-Prinzip) auch geschachtelte und lange Transaktionen. Bei langen Transaktionen wird ein Check-out vorgenommen. Weitere Check-outs zum "Verändern" dieser Objekte werden verboten, parallele Check-outs zum "Lesen" werden zugelassen. Das neue Objekt wird beim Check-in automatisch als neue Version in die Datenbank zurückgeschrieben.

Tabelle 13: Die objektorientierte Datenbank ObjectStore in der Übersicht

6.2 Umsetzung nach STEP Part 22 Standard Data Access Interface Specification (SDAI)

In [STEP22] wird die Umsetzung der EXPRESS-Sprache in die Programmiersprache C++ spezifiziert. Die Programmiersprache C++ ist die Erweiterung von C um objektorientierte Datenstrukturen (vgl. Anhang H). Grundgedanke des *Standard Data Access*

Interface Specification (SDAI) ist die Definition einer eigenen C++Klasse für jede Entität. In der Norm werden jedoch keine Vorgaben für die Umsetzung des Attributteils einer Klasse definiert. Konstruktoren und Destruktoren werden in Form von Funktionsprototypen beschrieben. Für Zugriffsfunktionen auf die Attribute der Klassen werden nur allgemeine Anweisungen gegeben. Das folgende Bild verdeutlicht die Umsetzung.

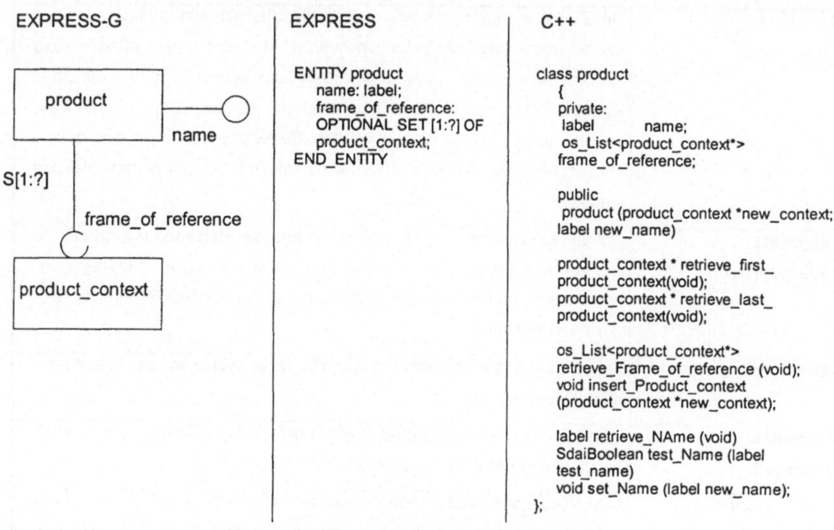

Bild 69: Die Umsetzungsschritte von EXPRESS-G über EXPRESS zu C++

6.3 Anwendungsbeispiel

Der Einsatz des ooEDM-Systems für die Unterstützung von teamorientierten Organisationsformen soll am Beispiel eines Unternehmens (Anlagenbau) aufgezeigt werden.
Die Schwerpunkte des Unternehmens sind die Planung und Erstellung von Anlagen in den Bereichen der "Technischen Gebäudeausrüstung" und der "Mikrochipfertigung". Das Unternehmen wird zunehmend als Generalunternehmer von seinen Kunden beauftragt. Es verfügt mit seinen ca. 700 Mitarbeitern über mehrere nationale und inter-

nationale Vertriebsbüros, Niederlassungen sowie eigenständige Töchterunternehmen. Der Gesamtumsatz im Jahr 1994 betrug ca. 350 Millionen DM.

6.3.1 Modellierung von Projektteams im ooEDMS

Die Projekte werden durch Projektteams vor Ort beim Kunden bzw. durch das Stammhaus zentral abgewickelt. Bild 70 zeigt ein Beispiel für eine Projektorganisation des Unternehmens im Bereich der "Technischen Gebäudeausrüstung". Kapazitäts- und Leistungsengpässe werden durch temporäre Zuordnungen von geeigneten Mitarbeitern des Stammhauses in die Projektteams vor Ort bzw. durch die Einbindung von Unterauftragnehmern ausgeglichen.

Diese Zuordnungen erfolgen oftmals sehr kurzfristig. Die betroffenen Mitarbeiter werden aus anderen Projekten herausgenommen. Sie müssen sich in kurzer Zeit in die neuen Projektinhalte einarbeiten und in die bestehenden Teamstrukturen einfügen. Oft wird dabei eine hohe Mobilität des Mitarbeiters verlangt (internationale Projekte). Aufgrund des allgemeinen Termindrucks wird keine Nachbereitung der Projekte durchgeführt. Erfahrungswerte über die Anforderungen an die Qualifikation der Teammitglieder sowie über erfolgreiche Teamstrukturen und ihre Entwicklung werden nicht strukturiert erfaßt.

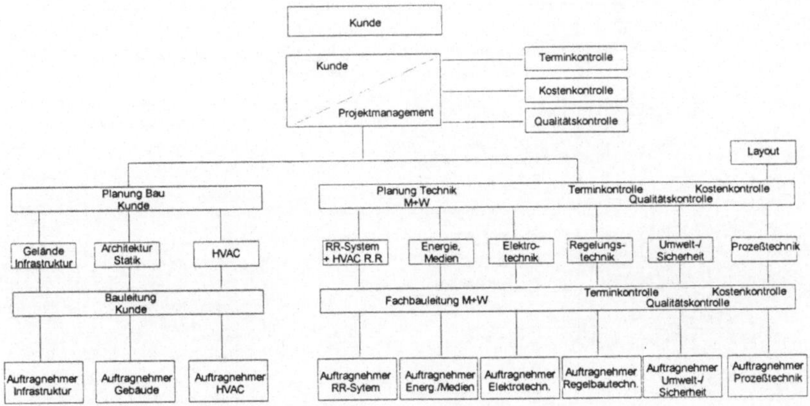

Bild 70: Beispiel einer Projektorganisation des Unternehmens

Das ooEDMS unterstützt die Modellierung von Projektteams und ihren dynamischen Veränderungen wie folgt: Ein Projektleiter des Anlagenbauers hat die Berechtigung im ooEDMS sein Team für das Projekt zu definieren und zu verändern. Unter Berücksichtigung des vom Kunden geforderten Liefer- / Leistungsumfangs bestimmt er die notwendigen "Rollen" für das Projekt. Diese sind beispielsweise: der "Projektleiter". der "Kundenmanager", der "Controller", der "Inbetriebsetzer", etc. Diese Rollen werden im ooEDMS angelegt und mit Anforderungen an die Qualifikation hinterlegt. In einem zweiten Schritt werden die Rollen strukturiert und damit Weisungsbefugnisse zwischen den Rollen implizit festgelegt. Das Ergebnis ist eine personenneutrale Rollenstruktur für das Team.

Die Mitarbeiter des Anlagenbauers sind im ooEDMS mit ihren administrativen Daten, wie Name und Adresse sowie ihren Qualifikationen beschrieben.

Für die Zuordnung von Mitarbeitern zu den Rollen des Projektteams ist der Projektleiter verantwortlich. Er kann hierfür einen Vergleich zwischen den Anforderungen aus den Rollenbeschreibungen und den Qualifikationsprofilen der Mitarbeiter durchführen. Bild 71 zeigt die Modellierung eines Projektteams.

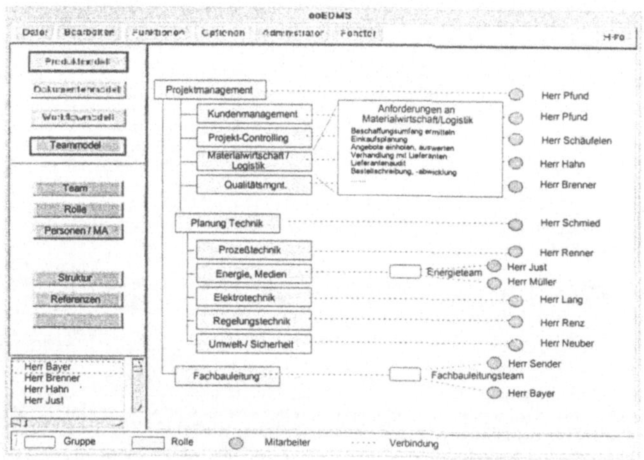

Bild 71: Aufbau eines Projektteams

Im Laufe eines Projektes treten Veränderungen in den Rollen eines Teams, durch die Fluktuation von Mitarbeitern oder durch die Neubesetzung einer Rolle im Team auf. Das ooEDMS unterstützt den Projektleiter durch die Verwaltung der verschiedenen Zustände seines Team über der (Projektlauf-) Zeit. Hierzu werden Zeitparameter den ooEDMS-Elementen "Organisation", "Rolle" und "Person" sowie den Assoziationen zwischen Personen und Rollen, bzw. Rollen zur Organisation (Team) zugeordnet. Konsistente Zustände des Teams werden in "Teamversionen" festgehalten werden. Somit ist die Historie der Teamentwicklung über der (Projektlauf-) Zeit möglich.

Das ooEDMS erlaubt ferner die Aktualisierung von Anforderungsprofilen seitens der Rolle sowie der neuen Qualifikation von Mitarbeitern.

Die Projektleiter des Anlagenbauers erzielen durch den Einsatz des ooEDMS u.a. folgende Vorteile:

- zielgerichtete Zuordnung von Mitarbeitern in Teams (aktuelle Qualifikationsprofile),
- Auswertungen über die Einbindung von Mitarbeiter in Teams mit ihren jeweiligen Rollen sowie deren Verantwortungen und Kompetenzen,
- Teamstrukturen ähnlicher Projekte dienen als Grundlage für die weitere Planung,
- Mitarbeiter können über das System vorab informiert werden (größere Transparenz) und
- höhere Sicherheit in der Festlegung der Teamstruktur (i.S. Vollständigkeit).

6.3.2 Modellierung von Geschäftsprozessen im ooEDMS am Beispiel der Angebotserstellung

Im Bereich der "Technischen Gebäudeausrüstung" beauftragen die Endkunden Ingenieurbüros mit der Erstellung von Leistungsverzeichnissen. Diese werden für die (inter-)nationalen Ausschreibungen verwendet. Auf die Ausschreibungen reagiert das Unternehmen mit der Abgabe von Angeboten. Bild 72 zeigt die wesentliche Prozeßschritte für die Angebotserstellung beim Anlagenbauer.

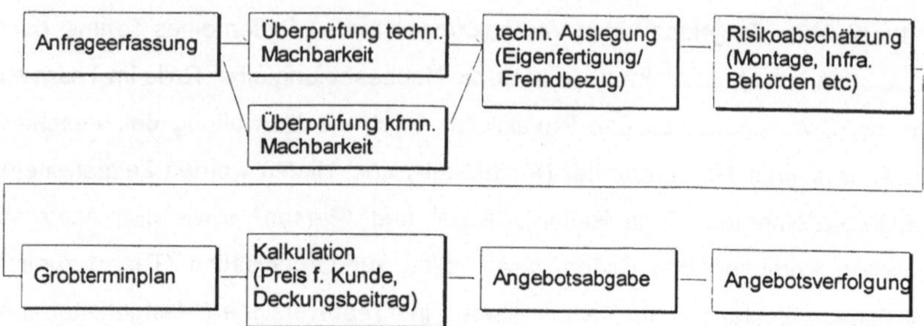

Bild 72: Der Angebotserstellungsprozeß beim Anlagenbauer

Der Vertrieb des Anlagenbauers hält den Kontakt zu den Ingenieurbüros. Die Erstellung des Angebots erfolgt gemeinsam durch den Vertrieb und Vertretern der Abwicklung des Unternehmens. Die Einbindung von Technikern in diese frühe Phase ist wegen ihrer Auslastung schwierig. Aufgrund der kurzfristigen Abgabetermine für das Angebot werden Risiken z.B. für Fertigung und Montage nur unvollständig abgeklärt. Unerfahrene Vertriebsmitarbeiter berücksichtigen oftmals nicht die infrastrukturellen Probleme beim Endkunden oder den Zeitbedarf von Genehmigungsverfahren für bestimmte Anlagen. Die Erfahrungswerte in der Angebotsphase sowie im Auftragsfalls in der Abwicklung werden nicht dokumentiert und stehen nachfolgenden Angebotsprozessen nicht zur Verfügung.

Das ooEDMS unterstützt den Verantwortlichen für die Angebotserstellung (meist der Vertriebsmitarbeiter) durch die Bereitstellung von "Prozeßvorlagen". Diese Vorlagen besitzen alle notwendigen Informationen bzgl. der Aktionen und Rollen für den Angebotsprozeß. Sie enthalten keine Informationen über konkrete Mitarbeiter. Spezifische Prozeßerweiterungen können durch Verkettungen von zusätzlichen Loops abgebildet werden. Der Angebotsverantwortliche konfiguriert seinen Prozeß durch die Verkettung der Loops über die Start- und Endeblöcke in den jeweiligen Blocklisten der Ablaufphasen. In Bild 73 wird ein Beispiel für die Konfiguration einer Angebotsprozeßvorlage gegeben. Die Vorlage ist im folgenden auf logische Fehler, wie Zyklen oder Inkonsistenzen zu überprüfen. Bei Fehlerfreiheit wird die Freigabe zur Anwendung der Vorlage erteilt (Status "freigegeben").

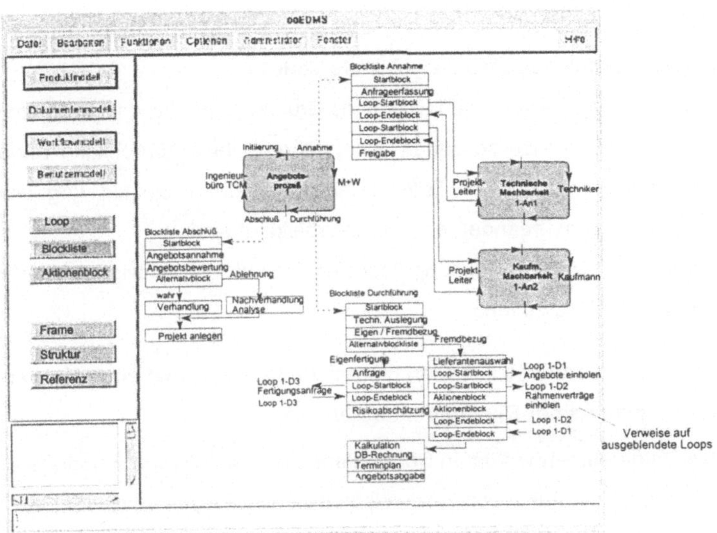

Bild 73: Verkettung von Elementar-Loops zu einer Basisvorlage

Der Angebotsverantwortliche ordnet der freigegeben Angebotsprozeßvorlage die Mitarbeiter zu (Initiatoren und Bearbeitern) und definiert die Informationsobjekte (z.B. Dokumente) für deren Bearbeitung. Anschließend setzt er den Status des Prozesses "Angebotserstellung" und damit auch die Kind-Loops auf "aktiviert". Durch Starten des ersten Loops durch den Verantwortlichen ändert das ooEDMS den Status des ersten Loops von "aktiviert" auf "in Bearbeitung". Der Start eines Kind-Loops wird durch einen Loop-Startblock angestoßen. Der Loop verbleibt so lange im Status "aktiviert", bis sein Starttermin erreicht wird. Wurde der Startzeitpunkt schon vor der Aktivierung des Kind-Loops erreicht, so kann dieser sofort in den Zustand "in Bearbeitung" wechseln. Sind keine Zeiten angegeben, so existieren keine zeitlichen Einschränkungen bzgl. der Bearbeitung eines Geschäftsprozesses, eines Loops oder Blocks. Bei der Abarbeitung der Blockliste wird der Status in "beendet" geändert und geht zur weiteren Bearbeitung in die Vater-Blockliste zurück.

Die Verantwortlichen für die Angebotserstellung beim Anlagenbauers erzielen durch den Einsatz des ooEDMS u.a. folgende Vorteile:

- bewährte Prozeßvorlagen dienen als Grundlage für die weitere Prozeßplanung,
- an "Projekt"-Prozesse dürfen noch während ihrer Abarbeitung Erweiterungen und Veränderungen an den Teilen (Kind-Loops) des Projektes vorgenommen werden, die noch nicht "beendet" bzw. "in Bearbeitung" sind,
- transparente Beauskunftung über den Prozeß, die beteiligten Mitarbeitern und den Stand der Bearbeitung.

6.3.3 Kooperatives Arbeiten im ooEDMS am Beispiel einer Konferenz mit gemeinsamer Bildschirmdarstellung

Das Unternehmen verfügt in Deutschland über eine eigene Fertigung von Filtereinheiten für die Reinräume von Mikrochipfabiken. Die Projektteams vor Ort (z.B. Südostasien) erfassen hierfür kundenspezifische Randbedingungen wie physikalische Größen (maximale Lärmemission der Einheiten) oder die Geometrie des Gebäudes. In den Projekten müssen die Randbedingungen möglichst frühzeitig der Entwicklung im Stammhaus bekanntgegeben werden. Die bisherigen Kommunikationswege zu lang, Entscheidungen werden zu spät getroffen. Oft wird mit unterschiedlichen Versionen der Dokumentation diskutiert, da Änderungen nicht konsistent durchgeführt worden sind.

Diese Defizite gilt es durch kooperatives Arbeiten zu vermeiden. Das ooEDMS bietet hierfür folgende Unterstützungsmöglichkeit:

Der Projektmitarbeiter und der Entwickler im Stammhaus arbeiten räumlich getrennt. Durch die Initiative des Projektmitarbeiters (z.B. über Telefon, Mail) wird ein temporäres Team "Filtereinheit für Kunde X" gebildet, mit den Ziel, eine Konferenz mit gemeinsamer Bilschirmdarstellung einzuberufen. Dabei wird auf bereits bestehende CAD-Daten der Filtereinheit zurückgegriffen.

Der Projektmitarbeiter meldet sich im ooEDMS als Konferenzteilnehmer einer Konferenz an. Darauf erhält er vom ooEDMS einen Konferenzagenten zugewiesen. Diesem teilt er mit, daß er eine Konferenz aktivieren will (z.B. Name der Konferenz, Kontext,

Ziel). Der Konferenzagent ruft einen ooEDMS-internen Konferenzmanager auf, der die Synchronisation der Konferenz übernimmt. Über den Konferenzagenten kann nun der Projektmitarbeiter die CAD-Applikation aufrufen und an ihr arbeiten. Dabei laufen alle Datenanforderungen über den Konferenzmanager, denn nur dieser hat innerhalb einer Konferenz Zugriff auf Daten aus der ooEDMS-Datenbank.

Der Entwickler im Stammhaus will an der Konferenz " Filtereinheit für Kunde X" teilnehmen. Er bekommt durch das ooEDMS einen eigenen Konferenzagenten zugewiesen. Diesem teilt er mit, daß er sich als Teilnehmer der obigen Konferenz anmelden möchte. Sein Agent meldet dies dem bereits existenten Konferenzmanager für die Konferenz " Filtereinheit für Kunde X ". Der Entwickler wird in die Konferenztabelle aufgenommen. Die Konferenz hat nun zwei Teilnehmer, die die gleiche Darstellung am Bildschirm erhalten. Das Zugriffsrecht ist beim Projektmitarbeiter, d.h. er ist aktiv, der Entwickler ist Zuschauer. Ebenso wie der Entwickler können sich weitere Personen zur Konferenz anmelden.

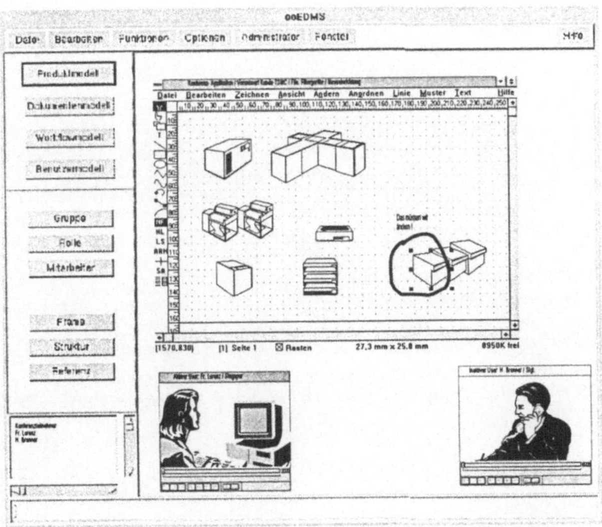

Bild 74: Konferenz im ooEDMS

Sind dem Entwickler Verbesserungen aufgefallen, muß er, je nach Zugriffsprotokoll, warten bis er das Zugriffsrecht vom Projektmitarbeiter erhält oder es vom System (über den Konferenzagenten und den -manager) anfordern.

Zum Verlassen der Konferenz teilt der Entwickler seinem Konferenzagenten dies mit, der es dem Konferenzmanager weiter meldet. Der Entwickler wird aus der Teilnehmerliste gelöscht. Wenn auch der Projektmitarbeiter die Konferenz verläßt, wird sie automatisch beendet (Konferenzagent und -Manager werden gelöscht).

Die Vorteile, die sich durch eine derartige Unterstützung kooperativen Arbeitens durch das ooEDMS ergeben, sind u.a.:

- schneller Informationsaustausch,
- schnelle Abstimmung, hohe Akzeptanz bei den Beteiligten,
- die Beteiligten entwickeln ein Teamverständnis (keine isolierte Entwicklung),
- Simultaneous Engineering.

7 Zusammenfassung

Industrieunternehmen sind heute in verstärktem Maße gefordert, die Zeit von der Planung bis zur Einführung neuer Produkte drastisch zu verkürzen. Die Qualität dieser Produkte müssen kundenorientiert ausgerichtet, die Produktkosten gleichzeitig gesenkt werden. Durch teilweise radikale Restrukturierungsmaßnahmen, die auf Konzepten wie "Lean-Management" und "Business Reengineering" basieren, versuchen die Unternehmen ihre Organisation effizient auf durchgängige Leistungserstellungsprozesse auszurichten. Besonders die indirekten Bereiche wie E&K stehen dabei im Mittelpunkt. Diese organisatorischen Optimierungsmaßnahmen erfordern ein informationstechnisches Pendant in der Abbildung von Prozessen, in der Verwaltung produktorientierter Informationen, sowie in der Einbindung unterschiedlicher E&K-Applikationen. Hierfür leisten EDM-Systeme in der Praxis verstärkt ihren Beitrag.

Gegenstand der vorliegenden Arbeit war die Entwicklung von Partialmodellen eines objektorientierten EDM-Systems und deren prototypische Implementierung. Das Konzept des Systems war auf die Unterstützung teamorientierter Organisationsformen in E&K ausgerichtet.

Produkte, Dokumente und Methoden stellen die Informationsobjekte in E&K dar. Hierfür wurden die erforderlichen Partialmodelle für die Objektklassen entwickelt. Die internationalen Standards, wie STEP und SGML wurden dabei berücksichtigt. Wesentliche Erweiterungen wurden in der Administration der Partialmodelle, in der Modellierung von Assoziationen in und zwischen den Objekten sowie in der Varianten- und Versionsverwaltung vorgenommen.

Neben den obigen Informationsobjekten werden teamorientierte Organisationsformen durch das ooEDMS verwaltet. Das Partialmodell "Teams" unterstützt die Modellierung von Personendaten und von dynamischen Organisationsstrukturen. Diese Dynamik wird durch die Veränderungen in der Teamzusammensetzung bzw. im Kompetenzprofil entlang eines Geschäftsprozesses verursacht. Die Rückverfolgbarkeit dieser Teamentwicklung i.S. einer Teamhistorie basiert auf der Verwaltung konsistenter Teamzustände. Hierzu werden die Prinzipien der Produktversionierung auf Teams übertragen. Das Partialmodell "Teams" erlaubt die Abbildung eines flexiblen Rollenkonzeptes. Dies ermöglicht die Mehrfachzuordnung von Mitarbeitern in verschiedenen Organisationsstrukturen mit unterschiedlichen Rollen. Den Rollen wie auch den Personen wurden Anforderungs- bzw. Qualifikationsprofile zugeordnet.

Die Informationsobjekte und die Teams sind über betriebliche Leistungsprozesse, wie den Produktentwicklungsprozeß, miteinander verknüpft. Unter Berücksichtigung vorhandener STEP-Definitionen wurde hierzu das Partialmodell "Geschäftsprozesse" entwickelt. Das Modell basiert auf einem hierarchischen Konzept der Prozeßmodellierung mit Rückkopplungselementen. Die Basis eines Geschäftsprozesses bildet der Loop zwischen einem Initiator und einem Bearbeiter. Die Ablaufbeziehungen zwischen diesen beiden Rollen wurde in vier Phasen eingeteilt: Initiierungs-, Annahme-, Durchführungs- und Abschlußphase. Die Phasen werden mit Hilfe von Aktionslisten abgearbeitet. Die Loops wurden auf sechs Grundtypen erweitert und nach bestimmten Regeln verkettet. Das Modell unterstützt sequentielle, teilweise sich überlappende sowie vollständig simultane Prozeßketten. Abhängigkeiten zwischen verschiedenen Loops können durch Querverweise abgebildet werden. Das hierarchische Konzept wandelt sich damit in einen Ablaufgraphen. Zur Synchronisation der Prozesse werden Nachrichten verwendet. Änderungen zur Laufzeit eines Geschäftsprozesses werden zugelassen.

Teamorientierte Organisationsformen gewinnen in den Unternehmen zunehmend an Bedeutung. Die Zusammenarbeit in den E&K-Teams erfolgt oft zeitlich synchron und erfordert einen hohen Kommunikationsaufwand. Dabei sind E&K-Teammitglieder aufgrund der oftmals räumlichen Trennung auf die Unterstützung ihrer Zusammenarbeit durch "kooperationsfähige Systeme" angewiesen. In der vorliegenden Arbeit wurden die Aspekte des kooperativen Arbeitens im Bereich der synchronen Konferenzen berücksichtigt. Das ooEDMS unterstützt dabei Konferenzen mit gemeinsamer Bildschirm-Darstellung sowie die synchrone Bearbeitung gemeinsamer Daten.

Die prototypische Realisierung des ooEDMS basiert auf objektorientierten Systemen. Als Datenbank wurde die ooDB ObjectStore© und zur Implementierung der ooEDMS-Funktionen die Programmiersprache C++ verwendet.

8 Ausblick

Die Qualität der Unterstützung von teamorientierten Organisationsformen in E&K durch das ooEDM-System kann durch folgende Maßnahmen gesteigert werden:

- *Generierung des Partialmodells "Ressourcen"*

  Ressourcen in E&K sind primär rechnergestützte Hilfsmittel. Sie werden in der vorliegenden Arbeit nicht behandelt. Eine differenzierte Modellierung in Form eines Partialmodells erhöht die Flexibilität und Transparenz bei der Konfiguration von Geschäftsprozessen.

- *Integriertes Projektmanagement*

  Projektabläufe sind gekennzeichnet durch ihre Einmaligkeit und Neuartigkeit, ihre Dynamik sowie durch definierte Zeit-, Kosten-, und Qualitätsvorgaben. Die Modellierung von Geschäftsprozessen im ooEDMS bildet dabei die Grundlage für die künftige Integration von Projektmanagementfunktionen. Durch die Einführung einer Kontroll- und Steuerungsebene in Bezug auf Zeiten (z.B. critical path) und Kosten (z.B. cost-controlling) können E&K-Teams zielgerichtet auf Störungen im Projektablauf reagieren.

- *Erweiterung von CSCW-Funktionen*

  Zur Erhöhung der "Kooperationsfähigkeit" des ooEDMS können neben synchronen Konferenzen weitere CSCW-Bausteine in das ooEDMS integriert werden. Diese sind leistungsfähige Nachrichtensysteme für den Austausch von Audio und Videosequenzen, sowie spezielle Multi-User-Editoren, die ein gemeinsames Arbeiten auf den Datenbeständen des ooEDMS ermöglichen.

- *CAx-Anbindungen*

  Weitere Forschungsarbeiten haben zum Ziel, CAx-Kopplungen mit dem ooEDM-System auf der Basis der ProSTEP-Prozessoren zu entwickeln. Hierdurch kann entlang der Prozeßkette sukzessiv eine Anbindung der E&K-Applikationen erfolgen.

- *Zusammenwachsen von EDMS und PPS*

  Zukünftige Integrationsplattformen werden den gesamten Produktentstehungsprozeß eines Unternehmens begleiten. Ein Zusammenwachsen von Produkt- und Produktionsmanagement erfordert die Zusammenführung der Datenmodelle und Funktionen. Prozesse bzw. Projekte werden durchgängig von E&K über die Produktion bis hin zur Logistik definiert.

Mit diesen aufgeführten zusätzlichen Maßnahmen kann das ooEDMS zu einer umfassenden Integrationsplattform für die Unterstützung von teamorientierten Organisationsformen ausgebaut werden.

9 Literatur

[ABRA93] Abramovici, M.; Bickelmann, S.: Engineering Daten Management (EDM) Systeme - Anforderungen, Stand der Technik und Nutzenpotentiale. In: CIM-Management; Nr. 5, 1993.

[ANDL92] Anderl, Reiner: STEP Schritte zum Produktmodell. In: CAD-CAM Report Nr. 8 (1992).

[ATK89] Atkinson, M. et al.: The object-oriented database system Manifesto; in: Kim, W.et. al.(Hrsg.). In: Proceedings on deductive and object-oriented databases, 1st international conference; Kyoto, Elsevier (1989).

[BEER90] Beeri, C.: A formal approach to object-oriented databases. In: Data and knowledge engineering, Nr.4, 1990.

[BLÄ88] Bläsing J.P. ; Sullivan L.P. : Quality Function Deployment: Qualitätsplanung mit QFD-Technik. In: Praxishandbuch Qualitätssicherung Band 4. München: GFMT, 1988.

[BOST93] V. Oettinger (Hrsg.): Das Boston Consulting Group Strategie Buch; Econ Verlag; Düsseldorf, Wien, New York 1993.

[BRACH89] Brachtendorf, Th.; Konzeption ein Informationssystems für die fertigungsgerechte Konstruktion.;Dissertation, Düsseldorf VDI -Verlag 1989.

[BREN91] Brenkamp, K. ; Pfeifer, T. : Was der Produktionsingenieur von Qualitätssicherung wissen muß. In: VDI-Gesellschaft Produktionstechnik (ADB), Düsseldorf 1991.

[BULL92] Bullinger, H.-J. , Marcial F., Matthes J.; EDMS-Eine strategische Management-Entscheidung. In: Tagungsband IAO-Forum EDMS, Stuttgart 1992.

[BULL93] Bullinger; H.-J., Warschat, J., Marcial F.: Integrated Management, How to combine Lean Production and CIM. In:Proceedings of the 2nd International Conference Computer Integrated Manufacturing, 6-10 September 1993, Singapore; Volume 1 A. Senn; J. Winsor; R.Gay (Editors); Gintic Institute of Manufacturing Technology, Singapore.

[BULL95] Bullinger; H.-J.; Kugel, R.; Ohlhausen, P.; Stanke, A.: Integrierte Produktentwicklung: zehn Praxisbeispiele. Gabler Verlag, Wiesbaden 1995

[BUNE93] Bullinger; H.-J., Fuhrberg-Baumann, J.: Dezentrale Produktionsstrukturen - Vorraussetzung für Lean Management. In: Produktion im Umbruch - Herausforderung an das Management. Nedeß, C. (Hrsg.) Hochschulgruppe Arbeits- und Betriebsorganisation HAB e.V. Forschungsbericht 5. Wiener Verlag, Wien 1993

[BUR92] Burckhardt, W. : Benchmarking. In: VDI Berichte Nr. 1014. Düsseldorf: VDI-Verlag, 1992.

[CAD94] o.V.: Marktübersicht EDM, Viele Systeme sind noch ausbaufähig. In: CAD-CAM Report ; Nr. 5, 1994

[CAE95] o.V.: PDM-Products. In: Computer Aided Engineering; Febr. 1995

[CAT91] Cattell, R.: Object data management: object-oriented and extended relational database systems. In: Reading 1991.

[CIM94] o.V.: Welches System bietet heute was? In: CIM-Praxis; April, 1994.

[CIMD94] CIMData Buyer`s Guide, CIMData Software&Consulting Inc., Ann Arbor 1994

[CON94] o.V.: Consens CONcurrent Simultaneous Engineering System. Published by Siemens Nixdorf Informationssysteme AG, ES CE, München 1994

[COOR89] o. V.: Coordinator II, Einführung und Überblick. In: Compu-Shack, Electronic GmbH, 1989.

[CROS86] Crosby, P.B. : Qualität bringt Gewinn. Alfred Holz-Verlag, 1986.

[DEM82] Deming, W.E. : Quality, Productivity and Competitive Position. Cambridge/Mass.: Massachusetts Institute of Technologie, 1982.

[DERN93] Dernbach, Wolfgang: Informatik-Restukturierung. In: Diebold Management Report Nr.3, 1993.

[DITT91] Dittrich, Jürgen: Koordinationsmodelle für die computerunterstützte Gruppenarbeit. In: Computergestützte Gruppenarbeit (CSCW), 1. Fachtagung, 30.9.-2.10.1991, Bremen, Friedrich, J., Rödiger, K.-H. (Hrsg.), Berichte des German Chapter of the ACM, B.G. Teubner, Stuttgart, 1991.

[DUBB87] Beitz, W.; Küttner, K.-H. (Hrsg.): Dubbel. Taschenbuch für den Maschinenbau, Springer Verlag Berlin , 16. Auflage 1987.

[EDL93] o.V.: Systembeschreibung Engineering Data Library, User-Manual, Control Data Inc. 1993

[EDN93] o.V.: Sherpa Cooperation und PIMS. In: Engineering Data Management Newsletter, Februar 1993.

[EIG80] Semantische Datenmodelle als Hilfmittel, Dissertation, VDI-Fortschrittsbericht Reihe 10 Nr.9 VDI-Verlag GmbH Düsseldorf 1980.

[EIG94] o.V.: Systembeschreibung CADIM/EDB, User Manual, Eigner& Partner GmbH, Karlsruhe 1994

[EIHI91] Eigner, M., Hiller, C. et. al.: Engineering Database Strategische Komponente in CIM-Konzepten. Praxiswissen CA-Techniken, Carl Hanser Verlag, München, 1991.

[ELGI91] Ellis, C., Gibbs, S.J., Rein, G.L.: Groupware Some Issues And Experiences. In: Communications of the ACM, Vol. 34 Nr. 1, 1991.

[ELLI91] Ellis, Clarence: Groupware: Overview and Perspectives. In: Verteilte künstliche Intelligenz und kooperatives Arbeiten. In: 4. Internationaler GI-Kongress Wissensbasierte Systeme, München, 23.-24. Oktober 1991, Brauer, Hernández (Hrsg.), Springer Verlag, 1991.

[EMI91] Emigh, J.: Managing Engineering Data. In: Computer Graphics World; Jan. 1991.

[ENGE93] Engesser Hermann [Hrsg.]: Duden Informatik, 2.Auflage, Dudenverlag Mannheim-Wien-Zürich, 1988.

[ENGI93] o.V.: Control Data und EDL. In: Engineering Data Management Newsletter, Dezember 1993.

[ERSC92] Erdl, G., Schönecker, H. G.: Geschäftsprozeßmanagement Vorgangssysteme und integrierte Vorgangsbearbeitung, FBO-Fachverlag für Büro und Organisationstechnik GmbH, Wiesbaden, 1992.

[EVE95] Eversheim, W., Bochtler, W., Humburger, R., Lenhart M.: Die Arbeitsplanung im geänderten produktionstechnischen Umfeld, Teil 1und 2. In: VDI-Z 137 Nr.3-5, 1995.

[EVER89] Eversheim, W.: Simultaneous Engineering-eine organisatorische Chance; VDI-Berichte 758, Düsseldorf, VDI-Verlag 1989.

[EVER95] Eversheim, W., Heuser, T.: Prozeßorientierte Auftragsabwicklung in der kundenorientierten Fabrik. In: ZWF 90 Nr.1-2 , Hanser Verlag, 1995.

[FAIR85] Fairley, R.: Software Engineering Concepts, Mc Grawn-Hill Book Company Singapore, 1985

[FEIG86] Feigenbaum, A.V. : Total Quality Developments into the 1990´s. New York: McGraw-Hill, 1986.

[FINK90] Finkenwirth K., Jansen H., Marin P.; CAD-System auf der Basis des CAD-Referenzmodells. In: VDI-Berichte Nr. 861.3, 1990.

[FISC93] Fischer, U.; Dück, P.: Methodical Engineering; Definition, Potential and Experience. In: Proceedings of International Conference on Engineering Design ICED, The Hauge 17.-19. August 1993.

[FISCH93] Fischer, A., Biallowons, M.: Engineering Database als strategische Integrationskomponente. In: CIM-Management; Nr. 5, 1993.

[FRFR93] Friedrich, J., Früchtenicht, U. et. al.: Die Gestaltung computergestützter Gruppenarbeit unter Berücksichtigung arbeitswissenschaftlicher Kriterien. In: Wirtschaftsinformatik, (35), Nr. 2, 1993.

[FRIE94] Friedrich, T.: EDM-Systeme im Rahmen der ISO 9000. In: CAD-CAM Report; Nr. 5, 1994.

[FRIED94] Friedmann, Thomas: EDM-Entscheidungshilfe für das Management. In: CAD-CAM Report; Nr. 4, 1993.

[GAIR81] Gairolla, A.: Montagegerechtes Konstruieren: Ein Beitrag zur Konstruktionsmethodik. Darmstadt, Technische Hochschule, Disseration, 1981.

[GOM92] Gomez, P.; Zimmermann, T.: Unternehmensorganisation. Frankfurt 1992

[GRA94] Grabowski, H., Gittinger, A., Schmidt, M.: Informationslogistik für die Konstruktion. In: VDI-Z 136 Nr. 10 (Oktober) 1994.

[GRAAN89] Grabowski, Hans; Anderl, Reiner; Schili, Bruno; Schmitt, Michael: STEP Entwicklung einer Schnittstelle zum Produktdatenaustausch; VDI-Z 131 (1989) Nr. 9.

[GRAB89] Grabowski, Hans; Anderl, Reiner; Schmitt, Michael: Das Produktmodell von STEP; VDI-Z 131 (1989) Nr. 12.

[GRAB93] Grabowski, H.; Anderl, R.; Polly, A.: Integriertes Produktmodel. Warnecke, H.-J. ; Schuster, R. und DIN (Hrsg.). 1. Aufl. Berlin; Wien; Zürich; Beuth-Verlag 1993

[GRAB94] Grabowski, H.; Anderl, R.; Erb, J.; Polly, A.: STEP-Grundlagen der Produktdatentechnologie: Aufbau und Entwicklungsmethodik (Teil1-3). In: CIM Management Nr. 4, 5 und 10 1994

[GRAH94] Graham, I.: Object-oriented methods; 2.Auflage, Addison - Wesley, Wokingham 1994.

[GRO82] Grochla, E.: Grundlagen der organisatorischen Gestaltung, Stuttgart 1992

[HALA91] Hales, K., Lavery, M.: Workflow Management Software: the Business Opportunity, Ovum Ltd. London 1991.

[HAMI93] Harrison, S., Minneman, S.: The Media Space: A Research Project into the Use of Video as a Design Medium. In: Readings in Groupware and Computer-Supported Cooperative Work Assisting Human-Human

Collaboration, Baecker, Ronald M. (Hrsg.), Morgan Kaufmann Publishers, Inc., San Mateo (California), 1993

[HAMM94] Hammer, M.; Champy, J.:Business Reengineering, Campus Verlag, Frankfurt, New York 1994.

[HASY93] Hasenkamp, Ulrich, Syring, Michael: Workflow-Management Beispiele Zeitschriftenproduktion. In: Office Management Nr.6, 1993.

[HEGI93] Hewitt, B., Gilbert, G. N.: Groupware Interfaces. In: CSCW in Practice: an Introduction and Case Studies, Diaper, D., Sanger, C. (Hrsg.), Springer-Verlag, 1993.

[HEN92] Henning, K.; Qualitätssicherung im Unternehmen: Methode - Strategie - Philosophie. Qualität und Zuverlässigkeit (1992) Nr.37.

[HEU92] Heuer, A.: Objektorientierte Datenbanken: Konzepte, Modelle, Systeme; Addison - Wesley, Bonn 1992.

[ISHI85] Ishikawa, K. : What is Total Quality Control?; Englewood Cliffs / Prentice Hall New York: 1985.

[ISHI90] Ishii, Hirshi: TeamWorkStation: Toward a Seamless Shared Workspace. In: CSCW '90 - Proceedings of the Conference on Computer Supported Cooperative Work. ACM Press, Los Angeles / CA, 7.-10. Oktober 1990.

[JASN94] Jasnoch, Uwe; Kress, Holger; Schoeder, Klara; Ungerer, Max: CoCo-nut: Computer Support for Concurrent Design using STEP; Fraunhofer-Institut für Graphische Datenverarbeitund, Darmstadt, 1994

[JELI92] Jeffay, K., Lin, J.K. et al: Archtecture of the Artifact-Based Collaboration System Matrix. In: CSCW '92 - Proceedings of the Conference on Computer Supported Cooperative Work. ACM Press Toronto / Canada 31. Okober - 4. November 1992.

[JOHA88] Johansen, Robert: Groupware: Computer Support for Business Teams, The Free Press, 1988.

[JUR51] Juran, J.M. ; Gryna, F.M. : Quality Control Handbock, 1. Aufl. New York: McGraw-Hill, 1951.

[KIMM93] Kimmig, Heinrich: Der Einsatz von EDB-Systemen im ME-CAD-Umfeld. In: HP-User, Nr. 1, 1993.

[KOCH90] Koch R., Kistenmacher F., Grempe R.: Informationsmanagment und Archivierung im technischen Bereich. In: VDI-Z 132 (1990), Nr.3.

[KOWA94] Koch, D.; Warschat, J.: Object-oriented Product Data Management for Concurrent Engineering. In: Proceedings ILCE 1994 (Integrated Ligistics & Concurrent Engineering), Februar 1994

[KRA95] Krause, F.-L., Klünder, R., Loske, B., Tittel, F.: Integration von Bearbeitungsfolgen in CAD-Modelle. In: ZWF 90 Nr. 10 (Oktober) 1995

[KRCM92] Krcmar, Helmut: WI-State of the Art. Computerunterstützung für die Gruppenarbeit - Zum Stand der Computer Supported Cooperative Work Forschung. In: Wirtschaftsinformatik, (34), Nr. 4, 1992.

[KREI91] Kreifelts, Th.: Coordination of Distributed Work: From Office Procedures to Customizable Activities. In: Verteilte Künstliche Intelligenz und kooperatives Arbeiten, 4. Internationaler GI-Kongress Wissensbasierte Systeme, München, 23.-24. Oktober 1991, Brauer, W. Hernández, D. (Hrsg.), Springer-Verlag, 1991.

[KRHI91] Kreifels, T., Hinrichs, E. et. al.: Erfahrungen mit dem Bürovorgangssystem DOMINO. In: Computergestützte Gruppenarbeit, 1. Fachtagung, 30.9 bis 2.10.1991, Bremen, Friedrich, J., Rödiger, K.-H. (Hrsg.), B. G. Teubner, Stuttgart, 1991.

[KÜHN95] Kühner, S.: EDM-Systeme als Motor der elektronischen Archivierung. In: CAD-CAM Report; Nr. 3, 1995.

[LAJO90] Lauwers, J. Ch., Joseph, T. A et. al: Replicated Architectures for Shared Window Systems. A Critique. In: Readings in Groupware and Computer-Supported Cooperative Work Assisting Human-Human Collaboration, Baecker, Ronald M. (Hrsg.), Morgan Kaufmann Publishers, Inc., San Mateo (California), 1990.

[LALA90] Lauwers, J. Ch., Lantz, K. A.: Collaboration Awareness In Support Of Collaboration Transparency: Requirements For The Next Generation

Of Shared Window Systems. In: Readings in Groupware and Computer-Supported Cooperative Work Assisting Human-Human Collaboration, Baecker, Ronald M. (Hrsg.), Morgan Kaufmann Publishers, Inc., San Mateo (California), 1990.

[LAMA89] Lai, K-Y, Malone, T. W., Yu, K-C: Object Lens: A "Spreadsheet" for Cooperative Work. In: Readings in Groupware and Computer-Supported Cooperative Work Assisting Human-Human Collaboration, Baecker, Ronald M. (Hrsg.), Morgan Kaufmann Publishers, Inc., San Mateo (California), 1993.

[LANT86] Lantz, Keith A.: An Experiment in Integrated Multimedia Conferencing. In: CSCW '86 - Proceedings of the Conference on Computer Supported Cooperative Work, Austin / Texas, ACM Press, 3.-5. Dezember 1986.

[LEKR91] Lewe, H., Krcmar, H.: Die CATeam Raum Umgebung als Mensch-Computer Schnittstelle. In: Computergestützte Gruppenarbeit, 1. Fachtagung, 30.9.-2.10.1991, Bremen, Friedrich, J., Rödiger, K.-H. (Hrsg.), B. G. Teubner, Stuttgart, 1991.

[LIEB90] Liebl, A.; Biersack, E.; Beyer, T.: Sicherheitsaspekte des Betriebssystems UNIX; in: Informatik-Spektrum, Nr.1, 1990.

[LISS95] Liss, N.: PDM-Einsatz über verschiedene Standorte verteilt. In: EDM-Report; Nr. 1, 1995.

[MACH93] Macher, B; Trippner, D.: ProSTEP - Der Schritt zur Datenintegration. In: CAD-CAM Report Nr. 5, 1993

[MACR90] Malone, T. W., Crowston, K.: What is Coordination Theory and How Can It Help Design Cooperative Work Systems? In: CSCW '90 - Proceedings of the Conference on Computer Supported Cooperative Work, Los Angeles / CA, 7.-10. Oktober 1990, ACM Press.

[MAGR89] Malone, T. W., Grant, K. r., Lai, K-Y et. al.: The Information Lens: An Intelligent System For Information Sharing And Coordination. In: Readings in Groupware and Computer-Supported Cooperative Work Assisting Human-Human Collaboration, Baecker, Ronald M. (Hrsg.), Morgan Kaufmann Publishers, Inc., San Mateo (California), 1993.

[MAI93] Maier H.: EDB und PPS; Komponenten einer CIM-Lösung. In: CAD-CAM Report; Nr. 4, 1993.

[MARC92] Marcial F., Matthes J.; EDMS als Qualitätsdokumentationssystem. In: Engineering Data Newsletter Nr. 12, 1992.

[MARO91] Maltzahn, C., Rose, T.: ConceptTalk Kooperationsunterstützung in Softwareumgebungen. In: Verteilte Künstliche Intelligenz und kooperatives Arbeiten, Brauer, W. Hernández, D. (Hrsg.), Springer Verlag, 1991.

[MÄU93] Mäusl L.: Von der Idee bis zur Entsorgung; Produktdatenmanagement / (CALS). In: CIM Praxis; Nr.10, 1993.

[MCGR84] McGrath Joseph E.: A Typology of Tasks (Excerpt from Groups. Interaction and Performance). In: Readings in Groupware and Computer Supported Cooperative Work Assisting Human-Human Collaboration, Baecker, Ronald M., (Hrsg.), Morgan Kaufmann Publishers, Inc., San Mateo (California), 1993.

[MCKIN93] McKinsey & Co.; Rommel, G. et al.: Einfach überlegen; Schäffer-Poeschel Verlag, Stuttgart 1993.

[MET93] Metken, M.: Prozeßorientierte Organisationsgestaltung. In: Office Management Nr.3, 1993

[MEWI92] Medina-Mora, R., Winogard, T. et. al.: The Action Workfow Approach To Workflow Management. In: CSCW '92 - Proceedings of the Conference on Computer Supported Cooperative Work: 31. Oktober - 4. November 1992, Toronto / Canada, ACM Press 1992.

[MEY90] Meyer, B.: Objektorientierte Softwareentwicklung; Hanser Verlag, München, Wien, 1990.

[MILL95] Miller, E.: PDM Today. In: Computer Aided Engineering; Feb. 1995.

[MIT89] Mittendorfer, J.: Objektorientierte Programmierung mit C++ und Smalltalk, Addison-Wesley 1989.

[MOSP94] Mohrmann, J.; Speck H.-J.: Das Produktmodell als Integrationsplattform für Prozeßketten. In: CAD'94 Fachtagung der Informatik Gesellschaft, J. Gausemaier (Hrsg.), Carl Hanser Verlag 1994.

[NERKE93] Nerke, R.; Reuter, F.: Elektrische Anwendungen unter STEP Teil1. In: CAD-CAM Report Nr. 10, 1993.

[NIJSS89] Nijssen, G.M., Halpin, T.A.: Conceptual Schema and Relational Database Design (A Fact Oriented Approach), Prentice Hall, New York 1989

[NILL93] Nill, R.; Fischer, M.; Wenzel, B.; STEP-basierte Datenbanken. In: CAD-CAM-Report Nr.12, 1993.

[OSB57] Osborne, A.F. : Applied Imagination - Principles and Procedure of Creative Thinking. Scribner New York, 1957.

[OWE93] Owen, J.: STEP - An Introduction. Information Geometers Ltd., Winchester, UK. 1993

[ÖZVA91] Özsu, T.M., Valduriez, P.: Principles of distributed database systems; Englewood Cliffs, New Jersey, 1991.

[PFEIF91] Pfeiffer, W. ; Weiß, E. : Lean-Management: Zur Übertragbarkeit eines neuen japanischen Erfolgrezepts auf hiesige Verhältnisse. Nürnberg: FIV Universität Erlangen-Nürnberg, 1991.

[PIEP91] Piepenburg, Ulrich: Ein Konzept von Kooperation und die technische Unterstützung kooperativer Prozesse in Bürobereichen. In: Computergestützte Gruppenarbeit, 1. Fachtagung, 30.09.-2.10.1991, Friedrich, J., Rödiger, K.-H. (Hrsg.), Berichte des German Chapter of the ACM, B. G. Teubner, Stuttgart, 1991.

[PIM94] o.V.: Systembeschreibung Product Information Management System, Sherpa Cooperation, Ismaning 1994

[PIMA93] Picot, A.; Maier, M.: Interdependenzen zwischen betriebswirtschaftlichen Organisationsmodellen und Informationsmodellen. In: Information Management Nr. 3, 1993.

[PLOE93] Ploenzke Gruppe (Hrsg.), Abramovici, Michael; Bickelmann, Steffen; Friedmann, Thomas, Jungfermann, Wolfgang: Engineering Data Management Systeme, Technologie-Report der Ploenzke Gruppe, Wiesbaden 1993

[RICH85] Richter, Lutz: Betriebssysteme, B. G. Teubner, Stuttgart, 2. Auflage, 1985.

[RICHT91] Richter, R.; Wissensbasierte CAD-Sytemkomponente zum Entwurf montagegerechter Produkte, Dissertation , Universität Stuttgart, Springer Verlag 1991.

[ROSS77] Ross, D.T.; Structured Analysis (SA A Language for Communicatiting ideas); IEEE, In: Transaction of Software Engineering, Vol 3, No 1, 1977.

[RÜDE93] Rüdebusch, Tom: CSCW Generische Unterstützung von Teamarbeit in verteilten DV-Systemen, Deutscher Universitäts-Verlag GmbH, Wiesbaden, 1993.

[SCHE94] Scheer, A.-W., Kruse, C.: Dezentrale Prozeßkoordination in Planungsinseln. In: Information Management Nr. 3, 1994.

[SCHNE94] Schneider, P.; Oritz, R.; Ehrenberg, B.: Process Chain Integration using a Common Product Data Modell. In: Sharing CIM Solutions, J.K.H. Knudsen et.al. (Eds.), IOS Press. 1994.

[SECK88] Seckinger, E.; Entwicklungszusammenarbeit. In: Der Zuliefermarkt, München, November 1988, ZM 182.

[SEIF90] Seiffert, U.; Die Zukunft der integrierten Produktentwicklung. In: Zeitschrift für wirtschaftliche Fertigung und Automatisierung (ZwF) 85 (1990), München 1990.

[SEYF93] Seyffer, R.; Gyssler, M.: Simultaneous Engineering und EDMS. In: CAD-CAM Report; Nr. 8, 1993.

[SGML86] SGML-Norm DIN EN 28879 (ISO 8879); Informationsverarbeitung, Textverarbeitung und Kommunikation, genormte verallgemeinerte Sprache SGML, International Standard ISO 1986.

[SON91] Sondermann, J.P.: Poka-yoke. In: Qualität und Zuverlässigkeit Nr.36, 1991

[SPOON94] Spooner, D., L.; An object-oriented product database using ROSE. In: Journal of Intelligent Manufacturing (1994) Nr. 5.

[STAR92] Stark, J.: Engineering Information Management Systems; Van Nostrand Reinhold Verlag, N.Y. USA 1992.

[STEP11] International Organisation for Standardization; ISO CD 10303-11, Product Data Representation and Exchange Part 11: The EXPRESS-Language reference manual, Draft International Standard, 1993.

[STEP203] International Organisation for Standardization; ISO CD 10303-203, Product Data Representation and Exchange-Part 203: Application Protocol Configuration Controlled Design, Commitee Draft Part 203, 1991.

[STEP214] International Organisation for Standardization; ISO 10303-214, Product Data Representation and Exchange-Part 214: Application Protocol Core Data for Automotive Mechanical Design Processes, Prelimary version Part 214, 1993.

[STEP22] International Organisation for Standardization; ISO CD 10303-22, Product Data Representation and Exchange Part 22: SDAI, Commitee Draft, 1991.

[STEP41] International Organisation for Standardization; ISO DIS 10303-41, Product Data Representation and Exchange-Part 41: Fundamentals of Product Description and Support. Draft International Standard 1993.

[STEP44] International Organisation for Standardization; ISO DIS 10303-44, Product Data Representation and Exchange-Part 44: Product Structure configuration. Draft International Standard 1993.

[STEP49] International Organisation for Standardization; ISO CD 10303-49, Product Data Representation and Exchange-Part 41: Process Structure and Properies. Commitee Draft 1993.

[STOV93] Stover, R.: The State of Engineering Document Management. In: Computer Aided Engineering Vol. 12, August Nr. 8, 1993

[SWA91] Swan, Tom: C++-Lernen. Eine systematische Einführung in die objektorientierte Programmiersprache C++, Systhema 1991.

[TAG89] Taguchi, G. ; Elsayed, A.: Quality-Engineering. McGraw-Hill, New York 1989.

[TRIPP93] Trippner, Dietmar; CA-Produktmodell-Einführungsstrategie und Umsetzung auf der Basis von STEP am Beispiel der deutschen Automobilindustrie; Beitrag zur DIN-Tagung "CIM-Ergebnisse aus Forschung und Praxis"; Februar 1993.

[VDI2222] VDI-Norm 2222: Konstruktionsmethodik -Konzipieren technischer Produkte; VDI-Verlag Düsseldorf, 1977.

[WASA90] Watabe, K., Sakata, S. et.al.: Distributed multiparty desktop conferencing system: MERMAID. In. CSCW '90 - Proceedings of the Conference on Computer Supported Cooperative Work, Los Angeles / CA, 7.-10. Oktober 1990, ACM Press.

[WIL92] Wildemann, Horst: Die modulare Fabrik: Kundennahe Produktion durch Fertigungsseqmentierung. St. Gallen, gmft Gesellschaft für Management und Technologie AG, 1992

[WIL93] Wildemann, Horst: Komplexitätskostenrechnung durch Variantenmanagement. In: Produktion im Umbruch - Herausforderung an das Management. Nedeß, C. (Hrsg.) Hochschulgruppe Arbeits- und Betriebsorganisation HAB e.V. Forschungsbericht 5. Wiener Verlag, Wien 1993

[WINO86] Winograd, Terry: A Language Perspective on the Design of Cooperative Work. In: CSCW '86 - Proceedings of the Conference on Computer Supported Cooperative Work, Austin / Texas, 3.-5. Dezember 1986, ACM Press

[ZELM90] Zelm M., Beekmann D.; Enterprise Modelling. In: CIM OSA Workshop Proceedings, Brussel 1990,

[ZIB90] Zibell , R.M. : Just-in-Time : Philosophie, Grundlagen, Wirtschaftlichkeit. Huss-Verlag, München 1990.

Anhang A SGML, ODA und CALS-Normen

A.1 SGML-Normen

Bezeichnung	Inhalt	Anwendungsbereich
DIN EN 28879 (EN 28879, ISO 8879)	Informationsverarbeitung, Textverarbeitung und Kommunikation, genormte verallgemeinerte Sprache SGML	abstrakte Syntax für die Auszeichnung von Dokumentenelemente
DIN V 33900 T1 (ISO/ICE/DTR 9573-11-1991)	Elektronisches Publizieren in der Fachinformation, Rechnergestützte Dokmentenbearbeitung von Normen, SGML-Syntax und gemeinsamer Teil der Dokumententypfestlegung (DTD) für Normen	alle Teile dieser Vornorm dienen der elektronischen Speicherung und Handhabung von Normen
DIN ISO 9069 (EN 29069, ISO 9069)	Informationsverarbeitung, SGML-Unterstützung, SGML Dokumentenaustausch (SDIF)	definiert Dokumenten-austauschformat SDIF
DIN EN 29070 (EN 29070, ISO/IEC 9070)	Informationstechnik, SGML, Unterstützende Elemente, Registrierverfahren von Inhaberbezeichner für öffentlich zugängliche Texte	Beschreibung von Methoden zur Zuordnung von einheitlichen Inhaberkennungen für öffentliche Texte auf der Basis SDIF
DIN ISO 9075 (ISO/IEC 9075)	Informationsverarbeitung, SGML-Unterstützung SQL-DDL, SQL-DML	Datendefinitionssprache DDL Datenmanipulationssprache DML
DIN V 33900 T2	Spezifischer Teil der Dokumententypfestlegung (DTD) für DIN-Normen	Syntax für DIN-Normen
DIN V 33900 T3	Spezifischer Teil der Dokumententypfestlegung (DTD) für Werksnormen	Syntax für Werksnormen
DIN Fachbericht 27	Rechnergestützte Dokumentenbearbeitung von Normen, Austausch- und Bearbeitungsformat in SGML	enthält Erläuterungen zur Anwendung der DTD

Tabelle 1: Übersicht von SGML-Normen

A.2 ODA International-harmonisierte Normen

Bezeichnung	Inhalt	Bemerkung
DIN ISO 8613 Teil 1	Informationsverarbeitungssysteme Textverarbeitung und -kommunikation; Offene Dokumentarchitektur (ODA) und Austauschformat; Teil 1: Einführung und Grundprinzipien.	Identisch mit ISO 8613-1:1989
DIN ISO 8613 Teil 2	Informationsverarbeitungssysteme; Textverarbeitung und -kommunikation, Offene Dokumentarchitektur (ODA) und -austauschformat; Teil 2: Dokumentstrukturen.	Identisch mit ISO 8613-2:1989, Dokumentstrukturen (Aufbau logischer Strukturen, Layout-Strukturen, Dokumentklassen, Formatiersemantik der Dokumentarchitektur).
DIN ISO 8613 Teil 4	Informationsverarbeitungssysteme; Textverarbeitung und -kommunikation, Offene Dokumentarchitektur (ODA) und -austauschformat; Teil 4: Dokumentprofil.	Identisch mit ISO 8613-4:1989, Dokumentvorspann (Verwaltungsattribute und Eigenschaften für das Dokument insgesamt)
DIN ISO 8613 Teil 5, 6, 7, 8	Dokumentaustauschformate (ODIF) Inhaltsarchitektur für Zeicheninformationen Inhaltsarchitektur für Rasterbilder Inhaltsarchitektur für Geometriegrafiken	

Tabelle 2: International-harmonisierte ODA und ODIF Normen

A.3 Europäisch-harmonisierte ODA-Normen und EG-Rechtsvorschriften

Bezeichnung	Inhalt	Bemerkung
DIN V ENV 41509	Kommunikation von Informationssystemen; Offene Dokumentenarchitektur (ODA);	Anwendungsprofil für Dokumente; Weiterbearbeitbare und formatierte Dokumente; Grundzeicheninhalt
DIN V ENV 41510, DIN V ENV 41510 A1, DIN V ENV 41511	Kommunikation von Informationssystemen; Offene Dokumentenarchitektur (ODA)	Anwendungsprofil für Dokumente; Weiterbearbeitbare und formatierte Dokumente; Mischdokumente mit erweiterter Struktur

Tabelle 3: Europäisch-harmonisierte ODA und ODIF Normen und EG-Rechtsvorschriften

Im folgenden wird ein Auszug relevanter CALS-Normen dargestellt. Auf die Darstellungen spezieller Normen im Bereich "Implementierungsempfehlungen" und "logistische Analysen" wurde verzichtet. (Quelle: BDI Arbeitskreis CALS-Ad-hoc-Arbeitsgruppe "Auswahl von Standards / Definition von Profilen")

A.4 CALS-Dokumentation

Abkürzung	Bezeichnung	Ziv. Standard	Mil. Standard
SGML	Standard Generalized Markup Language	ISO 8879 DIN EN 28879	MIL-M 28001 B
CCITT Group IV	Raster Graphics Representation in Binary Format	ISO 8613-7	MIL-R 28002 B
CGM	Computer Graphics Metafile	ISO 8632.1-4	MIL-D 28003 A
IGES	Initial Graphics Exchange Specification	ANSI Y 14.26 A	MIL-D 28000 A
VDAFS	VDA Flächenschnittstelle	DIN 66301	
ODA/ODIF	Open Document Architecture / Office Document Interchange Format	ISO 8613	

SPDL	Standard Page Description Language	ISO 8824/8825 ISO-IEC 10180	
DSSSL	Document Style Semantics and Specification Language	ISO-IEC 10179	
HyTime	Hypermedia Time -Based Structuring Language	ISO-IEC 10744	

Tabelle 4: CALS-Normen für die Dokumentation

A.5 CALS-Produktdatenmodell

Abkürzung	Bezeichnung	Ziv. Standard	Mil. Standard
STEP	Standard for the Exchange of Product Model Data Basismodell, Overview (1-10) Methods (11-20), EXPRESS Language (11), Implementation Methods (21-30), Conformance Testing Methodology and Framework (31-40) Integrated Resources (41-99) Application Resources (101-199) Application Protocols (201-299)	ISO 10303	
EDIF	Electronic Design Interchange Format	ANSI .	

Tabelle 5: CALS-Normen für das Produktdatenmodell

A.6 CALS-Electronic Commerce

Abkürzung	Bezeichnung	Ziv. Standard	Mil. Standard
EDIFACT	Electronic Data Interchange for Administration, Commerce and Transport EDIFACT Syntax	ISO 9735 DIN 16561	
	Electronic Data Interchange for Administration, Commerce and Transport Message Layout	ISO 7372	
ANSI X.12		ANSI	
weitere	VDA ODETTE EDIFICE SEDAS EANCOM SWIFT EAF BCS RINET CEFIC COST306		

Tabelle 6: CALS-Normen für den Electronic Comerce

A.6 CALS-Datenübermittlung

Abkürzung	Bezeichnung	Ziv. Standard	Mil. Standard
MPEG	Motion Picture Expert Group Video		
JPEG	Joint Photograph Expert Group		
AITI	Automatic Interchange of Technical Information Magnetic Tape Off-Line online		MIL-STD 1840 A MIL-STD 1840 B MIL-STD 1840 C
TCP/IP	Transmission Control Protocol / Internet Protocol		
TFTP	Trivial File Transfer Protocol		
FTP	File Transfer Protocol		
SMTP	Simple Mail Transfer Protocol		

TELNET	Terminal Emulation Protocol		
SNMP	Simple Network Management Protocol		
TCP	Transmission Control Protocol		
IP	Internet Protocol		
OSI	Open System Interconnection		
X.400	Electronic Mail		
FTAM	File Transfer Access Method	ISO 8571	
VT	Virtual Terminal	ISO 9040 / 9041	
TP	Transaction Processing	ISO 10026	
CMIP	Common Management Information Protocol	ISO 9595 / 9596	
X.500	Directory Service	ISO 9594	
OSI	OSI Connection-Oriented Presentation Protocol	ISO 8823	
	OSI Connection-Oriented Session Protocol	ISO 8827	
	OSI Transport Protocol	ISO 8073	
	OSI Packet Level Protocol	ISO 8208	
	OSI Logical Link Protocol	ISO 8802-2	

Tabelle 7: CALS-Normen für die Datenübermittlung

Anhang B Klassifikation von kooperativen Systemen nach Anwendungen

Die Klassifizierung nach [ELLI91] ordnet kooperative CSCW-Systeme (Computer Supported Cooperative Work) gemäß ihrem Anwendungsgebiet. Die Abgrenzung der Anwendungen sind nicht überschneidungsfrei. Eine Anwendung wird im allgemeinen gemäß seiner Hauptmerkmale einer der folgenden Gruppen zugeordnet:

B.1 Nachrichtensysteme (Message Systems)

Nachrichtensysteme sind elektronische Postsysteme (E-Mail-Systeme). Sie ermöglichen den *asynchronen Austausch von Nachrichten* zwischen Benutzern. Zu den Nachrichtensystemen zählen neben textorientierten Systemen auch Sprach- und Bildübermittlungssysteme (Voice- und Video-Mail-Systeme).

B.2 Mehrbenutzer-Editoren (Multi-User Editors)

Mehrbenutzer-Editoren sind speziell für die Benutzung durch Teams entwickelt worden. Zu unterscheiden sind Mehrbenutzer-Editoren für die asynchrone und für die synchrone Erstellung und Bearbeitung von Dokumenten.
Mehrbenutzer-Editoren für die *asynchrone Bearbeitung* erlauben das Anlegen von privaten und öffentlichen Bemerkungen zu Dokumenten und die unterschiedliche Kennzeichnung (z.B. durch Farbe) von Änderungen durch die Autoren. Mehrere Autoren bearbeiten ein Dokument in sequentieller Reihenfolge.
Mehrbenutzer-Editoren für die *synchrone Bearbeitung* erlauben die gleichzeitige Bearbeitung eines Dokuments durch mehrere Benutzer. Dazu wird das Dokument meist in logische Segmente, z.B. Absätze, aufgeteilt. Jeder Abschnitt kann zu einem Zeitpunkt nur von einem Benutzer geändert, aber von allen gelesen werden. Die hierfür notwendigen Sperr- und Synchronisationsmechanismen (Locking) werden vom Editor verwaltet.

B.3 Elektronische Konferenzräume und Entscheidungsunterstützungssysteme (Electronic Meeting Rooms and Group Decision Support Systems

Elektronische Konferenzräume unterstützen *Sitzungen einer Gruppe in einem Raum* (Computerunterstützte Sitzungsmoderation). Ziel ist die Verbesserung der Qualität der Sitzung selbst durch:

- geeignete Raumgestaltung, wie Sitzanordnungen, vernetzte Arbeitsplatzcomputer im Raum und elektronische Wandtafeln,
- anpaßbare Systeme nach Aufgabenstellungen, Tätigkeiten und Gruppenbedürfnissen und durch
- spezielle Benutzerschnittstellen und Gestaltung der gemeinsamen Arbeitsfläche (z.B. gemeinsamer Editor).

Eine Unterklasse der Systeme zur Unterstützung von Gruppenarbeit am gleichen Ort zur selben Zeit sind *Entscheidungsunterstützungssysteme* (Group Decision Support Systems, GDSS). Ziel dieser Systeme ist es, den Entscheidungsfindungsprozeß durch Unterstützung von Sitzungsplanung, Ideenfindung, Ideen-Organisation und -Auswahl sowie durch Anbieten von Möglichkeiten zur Analyse einzelner Aspekte und Ergebnisse zu beschleunigen.

B.4 Computergestützte Konferenzen (Computer Conferencing)

Neben klassischen Echtzeit- (Realtime Conferencing, face-to-face) und Video- bzw. Tele-Conferencing existieren Desktop-Konferenzen, die eine Mischung aus den beiden erstgenannten Typen darstellen.

- *Klassische Echtzeit-Konferenzen*

unterstützen die synchrone Zusammenarbeit von räumlich getrennten Benutzern. Die Zusammenarbeit erfolgt über vernetzte Arbeitsplatzrechner der Teilnehmer. Zur Verbesserung der Kommunikation ist meist ein Sprachkanal (Audiokanal) integriert. Bei Verwendung des Telefons zur Sprachübermittlung muß der Benutzer zwei unabhängige Konferenzen (Echtzeit- und Telefon-Konferenz) verwalten. Einbenutzer-Anwendungen (single-user-applications) werden um einfache Kooperationsfähigkeiten ergänzt. So werden die Eingaben der Benutzer durch

Zugriffsrechte (Ausschlußverfahren, floor passing) verwaltet und die Anwendung mittels einer Multiplexer-Demultiplexer-Komponente auf die Bildschirme aller Beteiligten verteilt. Die Beteiligten erhalten alle die gleiche Darstellung am Bildschirm (Shared-Window).

Speziell für die Gruppenarbeit entwickelte Anwendungen ermöglichen eine höhere Kooperationsfunktionalität. Jeder Benutzer kann seinen eigenen Mauszeiger erhalten und eine individuelle Sicht auf die Daten einnehmen.

- *Video-Konferenzen*

ermöglichen den Austausch von Information durch Sprach- und Bildübermittlung zwischen räumlich getrennten Partnern (Audio-Video-basierte Konversation). Videowände zeigen jeweils die anderen Teilnehmer.

- *Desktop-Konferenzen*

In Desktop-Konferenzen werden die Video-Bilder über spezielle Fenster im Arbeitsplatzrechner dargestellt. Die Teilnehmer können wie bei der klassischen Echtzeit-Konferenz, im Computer gespeicherte Daten (z.B. Texte und Graphiken) gemeinsam zu bearbeiten. Desktop-Konferenzen kombinieren so die Möglichkeiten der klassischen Echtzeit-Konferenz mit denen der Video-Konferenz.

B.5 Koordinationsunterstützende Systeme (Coordination Systems)

Koordinationsunterstützende Systeme dienen der Planung und der Steuerung des Ablaufs arbeitsteiliger Prozesse. Alle am Prozeß beteiligten Bearbeiter bekommen ihre Aufgaben automatisch zugewiesen und können meist auch relevante Aufgaben anderer Beteiligter einsehen. Man unterscheidet zwischen formular-, prozeß-, kommunikations- und konversationsorientierter Unterstützung [DITT91].

- *Formularorientierte Unterstützung:*

Im formularorientierten Ansatz durchläuft jedes Formular als ganze Einheit einen explizit definierten seriellen Ablauf, z.B. Bearbeitung von Postein- und -ausgang. Dieser kann starr oder flexibel, mit Ausnahmebehandlungen und / oder Entscheidungsmöglichkeiten an verschiedenen Punkten, gestaltet sein.

- *Prozeßorientierte (vorgangsorientierte) Unterstützung:*

Organisatorische Abläufe werden zur Koordination von Einzelaktivitäten zu einem Vorgang betrachtet. Die Vorgänge werden in der Regel zentral koordiniert, so daß auch die parallele Ausführung von Gruppenaktivitäten im Gegensatz zum formularorientierten Ansatz unterstützt werden kann.

- *Kommunikationsorientierte Unterstützung:*

Hier erfolgt die Beschreibung der Abläufe über Rollen und definierte Beziehungen zwischen einzelnen Rollen. Funktionen oder Aufgaben werden zunächst Rollen zugeordnet. In einem weiteren Schritt erfolgt die Zuordnung von Personen zu den jeweiligen Rollen und damit zu den bereits definierten Aufgaben. Diese Zuordnung ermöglicht eine einfache Handhabung bei der Umverteilung der Aufgaben, z.B. Übertragung von Aufgaben an den Stellvertreter eines kranken Mitarbeiters.

- *Konversationsorientierte Unterstützung:*

Sie ist eine Erweiterung der kommunikationsorientierten Unterstützung und baut auf der Sprachtheorie (speech act theorie) auf. Sie geht davon aus, daß Konversation das Mittel zur Koordination der Aufgabe ist und deshalb jede Mitteilung (Nachricht) eine bestimmte Absicht verfolgt. Zur Modellierung der Konversation wird jeder Mitteilung ein (Absichts-) Typ zugeordnet. Dieser bestimmt, welche Reaktionen auf die Mitteilung erlaubt sind. Es werden Konversationsregeln eingeführt.

Anhang C Graphische Notation EXPRESS-G

EXPRESS-G ist eine graphische Notation für die Darstellung von Informationsmodellen. Sie wurde speziell für die Visualisierung von EXPRESS-Modellen entwickelt worden. Die Notation unterstützt aber nur eine Teilmenge der eigentlichen EXPRESS Sprache, wie Entity, Typ, Relation und Aggregationen. Es unterstützt nicht die Darstellung von Randbedingungen oder Funktionen, die in EXPRESS definiert worden sind.

Im folgenden sind die graphischen Elemente dargestellt:

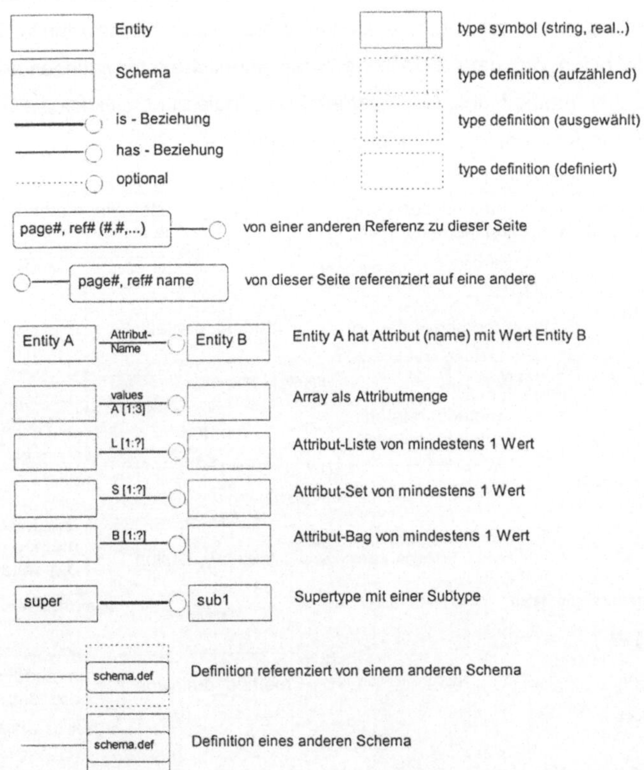

Bild 1: Darstellung relevanter graphischer Elemente aus EXPRESS-G

Anhang D Ergänzungen zum Methodenmodell

B.1 Bereich Methode

Das Entity "method" bildet eine Methode des Unternehmens ab. Eine allgemeine Beschreibung der Methode wird über "method_org_data" erfaßt. Die Entwicklungsstufen einer Methode, die z.B. durch Optimierung erzielt werden, stellt das Entity "method_version" dar. Gültigkeitszeiträume, verantwortliche Personen und weitere organisatorischen Daten werden im Entity "method_version_org_data" registriert. Eine "method_definition" beschreibt die spezifischen Eigenschaften und Randbedingungen, die zur "method_version" führen. Auch hier werden im Entity "method_definition_org_data" detaillierte organisatorische Informationen abgebildet. Über das Entity "method_definition" werden in Analogie zur Objektklasse "Produkt" und "Dokument" die Assoziationen für Methoden abgebildet.

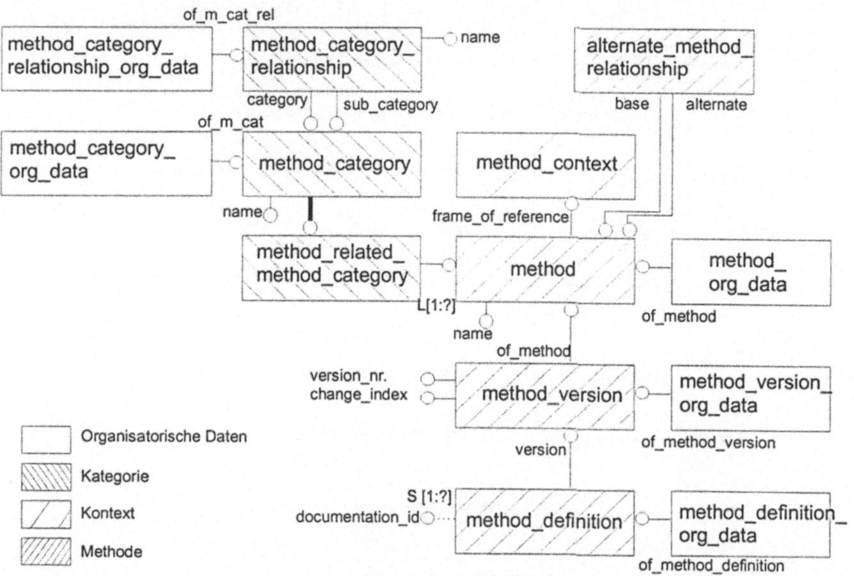

Bild 2: Die Bereiche Methode, Org. Daten, Kontext, Kategorie des Methodenmodells von ooEDMS

B.2 Bereich Kontext

In der Objektklasse "Produkt" dient der Bereich Kontext zur Erfassung des Umfeldes eines Produktes. Für die Objektklasse "Methoden" wird der Begriff "Kontext" übertragen, erhält aber dort die Semantik einer *Vorabdefinition des Anwendungsgebietes.* Dadurch können Methoden für bestimmte Problemstellungen mit ihrem "Kontext" differenziert beschrieben werden. Der Anwender kann eine zielgerichtete Suche nach dem geeigneten Problemlösungsverfahren durchführen. Das Entity "method_context" definiert den Zusammenhang mit dem Methoden-Kontext.

B.3 Bereich Assoziation

Die Prinzipien der Modellierung unterschiedlicher Assoziationen sind aus der Objektklasse Dokument übertragbar.

Anhang E Objektspezifische Funktionen des ooEDMS

E.1 Funktionen des ooEDMS in der Objektklasse Produkt

Objekt Funktionen	Produkt, Version, Definition, Kategorie	Assoziationen (Struktur/ Referenz)	Frame (Varianten)	Kontext
Generieren / Neu anlegen /	Admin. Daten (ident_data, creation_ data) Neue Version bedingt neue Produkt-Definition	Admin. Daten der Assoziation (ident_data, creation_data) Assoziations-Semantik wird in der Beschreibung abgebildet	Admin. Daten des Frames (ident_data, creation_data)	Anlegen des produktspezifischen Kontexts (description)
Modifizieren / Ändern /	Modifikation an Admin. Daten wie ident_data, etc. Erfassung der Modifikation über modifying_ data (Datum und Benutzer)	Modifikation an Admin. Daten der Assoziation wie ident_data, etc. Änderung der Assoziationsendpunkte (Objekte) Erfassung der Modifikation über modifying_ data (Datum und Benutzer	Modifikation an Admin. Daten der Frames wie ident_data, etc. Hinzufügen / Ersetzen einer neuen Variantenposition Versionierung einer Variantenposition Änderung in der Erzeugnisstruktur Erfassung der Modifikation über modifying_ data (Datum und Benutzer	Änderung der Kontextbeschreibung (description)

Versionieren	Modifikation an Admin. Daten der Versions-Items wie ident_data, etc. Erhöhung Versions-Nr. Erfassung der Versionierung über modifying_data (Datum und Benutzer)	o	Versionierung des Frames durch Hinzufügen einer neuen Variantenposition, Versionierung des Frames durch Versionierung einer Variantenposition möglich Erhöhung Versions-Nr Erfassung der Versionierung über modifying_data (Datum und Benutzer)	o
Suchen	nach beliebigen Werten in Org. Daten	nach beliebigen Werten in Admin. Daten von Assoziationen nach Assoziations Endpunkten (top down, buttom up)	nach beliebigen Werten in Admin. Daten von Frames nach Variantenpositionen (Name) nach Logiktabellen und deren Inhalt	nach Inhalten von Kontextbeschreibungen
Ersetzen	Austausch von Werten in Admin. Daten der Objekte Ersetzen von alternativen Produkten (Austausch der Zuordnung base/alternate)	o (neue Assoziationen müssen individuell aufgebaut werden)	Ersetzen einer Variantenposition innerhalb des Frames (Ersetzen von ganzen Frames: neue Frames müssen individuell aufgebaut werden)	o
Darstellen (Print/View)	Admin. Daten in Listen- oder Formularform. Bei Ausdruck Registrierung über output_data (Datum, Benutzer)	Assoziationen in unterschiedliche Farben und Linienarten gemäß der Assoziations-Semantik	Frames durch Metaphern (Sinnbildern) Beim Anwählen wird deren Inhalt (Variantenpositionen) angezeigt	Kontext durch Metaphern (Sinnbildern) Beim Anwählen wird deren Inhalt (Variantenpositionen) angezeigt

Zuordnung	Person/Org. (Name, Rolle), Zeit / Datum (Wert, Rolle), Auftrag (contracted_data), Zertifikat (certificated_ data), Spezifikation (specificated_data), Schutz (secured_ data), Gruppierung (grouped_data), Abnahme (approval_data), Freigabe (release_ data), Prozeß (processed_data)	Produktdefinitionen, Frames und weitere Objektklassen wie Verantwortliche Person für die Assoziations-Semantik. (Name, Rolle), Zeitraum der Gültigkeit der Assoziation (Zeit / Datum (Wert, Rolle), Abnahme (approval_data),Freigabe (release_data) der Assoziation	neue Varianten ins Frame eines Frames in eine Erzeugnisstruktur von Logiken von Assoziationen von verantwortlichen Person/Org. (Name, Rolle), Gültigkeiten Zeit / Datum (Wert, Rolle), Abnahme (approval_ data), Freigabe (release_data) des Frames	zu Produkten zu Produktdefinitionen
Klassifizieren / Typisieren	über Gruppierung (grouped_data) oder Kategorisierung	o	o	o
Löschen	Es wird nur die Löschung von Native-Daten zugelassen. Sämtliche Admin. Daten bleiben im ooEDMS erhalten. Erfassung der Löschungsdaten durch delete_data (Datum, Verantwortliche Person)	Löschung einer Assoziation (keine weitere Gültigkeit dieser Assoziation, Archivierung der Gültigkeitsdauer) Auflösen von Assoziationen in und zwischen Objekten Erfassung der Löschungsdaten durch delete_data der Assoziation (Datum, Verantwortliche Person)	Löschen einer Variantenposition innerhalb des Frames Löschen eines Frames-> Auflösen von Variantenpositionen Erfassung der Löschung durch delete_data des Frames (Datum, Verantwortliche Person)	Löschung einer Kontextbeschreibung
Schützen/ Sichern	Vergabe eines Sicherheitslevels in secured_data des Objektes	o	o	o

Freigeben	Freigeben der Admin. Daten bedingt auch Freigabe der Native-Daten! Erfassung der Freigabedaten durch release_data (Datum, Verantwortlicher)	Freigabe einer Assoziation unter Angabe de Gültigkeit Erfassung der Freigabedaten der Assoziation durch release_data (Datum, Verantwortlicher))	Freigabe eines Frames mit Gültigkeit der neuen Varianten. Erfassung der Freigabedaten des Frames in release_data (Datum, Verantwortlicher	o
Analysieren	Historie, über zeitliche Analyse der Versionen durch date_time	top_down = Erzeugnisstruktur button_up = Verwendungsnachweis Produkthistorie über Vorgängerbeziehungen	Framehistorie über zeitliche Analyse der Frame-Versionen Überprüfung der Konsistenz der Logik (Zyklenfreiheit)	o
Kontrollieren	Kontrolle des gesamten Informationsbestandes (Metadaten, Assoziationen, Frames, Kontext) Erfassung der Kontrolldaten im control_data (Datum, Beschreibung,Verantwortlicher)			
Archivierung	Langzeitarchivierung des gesamten Informationsbestandes mit Native-Daten, Metadaten, Assoziationen, etc. Erfassung der Archivierungsdaten in archive_data (Archiv, Medium, Ort, Datum etc.)			
Backup	gleiches für Kurzzeitarchivierung ...(back_up_data)			
Check in / check out	Sperrung von Metadaten, Kopieren /bzw. Zurückschreiben des gesamten Informationsbestandes Erfassung der check_in_out-Daten über check_in_out_data			
Verteilung	Verteilung des gesamten Informationsbestandes gemäß Prozeßdefinition und Privilegien der Beteiligten Erfassung in distribute_data			
Exchange	Austausch des gesamten Informationsbestandes gemäß Prozeßdefinition und Privilegien der Beteiligten. Erfassung durch transfering_data			

Tabelle 8: Funktionen des ooEDMS auf seine Konstrukte (Produkt, Assoziation, Frame, Kontext, Eigenschaft und Darstellung)

E.2 Funktionen des ooEDMS in der Objektklasse "Dokument"

Für die Elemente Dokument, Version, Definition, Kategorie sowie Assoziationen der Objektklasse Dokument gelten übertragbare Funktionalitäten der Objektklasse Produkt. In Tabelle 9 sind die relevanten Ergänzungen aufgeführt:

Objekt Funktionen	Eigenschaften (Dokument-Elemente)
Generieren / Neu anlegen /	Neue Dokument-Elemente werden über Admin. Daten (ident_data, creation_data) modelliert. Zusätzlich wird Inhalt und Typ der Dokument-Elemente definiert.
Modifizieren / Ändern /	Änderungen können sich auf Admin. Daten der Dokument-Elemente beziehen, oder auf deren Inhalte. Erfassung der Änderungsdaten (Datum, Verantwortliche Person) erfolgt durch modifying_data
Versionieren	o
Suchen	nach Werten in Admin. Daten von Dokument-Elemente nach Inhalten der Dokument-Elemente
Ersetzen	Bezeichnungen der Admin. Daten von Dokument-Elemente Ersetzen von Inhalten der Dokument-Elemente
Darstellen (Print/View)	Darstellungen des Inhalts Registrierung über output_data (Datum, Benutzer)
Zuordnung	sämtliche Zuordnungen gemäß Org. Modell der Dokument-Elemente können aufgebaut werden
Kategorisie-rung Klassifizieren / Typisieren	o Kategorisierung von Document-Elementen nach Typen ist modellierbar. Über Org. Modell sind beliebige Gruppierungen (grouped_data) darstellbar.
Löschen	Löschung von Dokument-Elementen Löschung des Inhalt von Dokument-Elementen Erfassung der Löschungsdaten durch delete_data (Datum, Verantwortliche Person)
Schützen/ Sichern	Durch Vergabe eines Sicherheitswertes kann der Inhalt von Dokument-Elementen vor Zugriffen oder Manipulationen geschützt werden.
Freigeben	Freigabe von Dokument-Elementen Erfassung der Freigabedaten durch release_data (Datum, Verantwortlicher)

Analysieren	Inhaltlicher Vergleich auf der Basis der Dokument-Elemente

Tabelle 9: Funktionen des ooEDMS auf seine Dokumenten-Konstrukte (Dokument, Version, Definition, Kategorie, Assoziation, und Eigenschaft)

Die Funktionen Kontrollieren, Archivierung, Backup, Check in / check out, Verteilung und Exchange sind vollständig auf Dokumente, Assoziationen und Dokument-Elemente übertragbar.

E.3 Funktionen des ooEDMS in der Objektklasse "Methode"

Für die Elemente Methode, Version, Variante, Definition, Kategorie und Assoziationen der Objektklasse Methode sind die Funktionalitäten der Objektklasse Produkt übertragbar. In Tabelle 10 sind die relevanten Ergänzungen aufgeführt:

Objekt Funktionen	Kontext	Eigenschaften (Methodencharakteristik)
Generieren / Neu anlegen	Vorabdefinition der Anwendungsgebiete für Methoden, Erfassung von typischen Problemstellungen und Aufgaben Aufbau der Nomenklatur	Definition der Charakteristik: mit Inhaltsbeschreibung, Erfahrungswerten, Ressourcen, Bewertungen, Input/ Output-Angaben
Modifizieren / Ändern	Änderung der Kontextbeschreibung	Änderung an Admin. Daten der Methoden-Eigenschaften Erfassung der Änderung in modifying_data (Datum. Person)
Versionieren	o	o
Suchen	Nach Anwendungsgebieten für Methoden Nach Problem- oder Aufgabenstellungen	Nach Werten in den Admin. Daten der Eigenschaften Nach Inhalten der Methodencharakteristik
Ersetzen	o	o
Darstellen (Print/View)	Textuelle Beschreibung	Darstellung des Inhalts (textuelle, graphische Beschreibung)
Zuordnung	o	Sämtliche Zuordnungen gemäß Org. Modell sind für die der Methoden-Eigenschaften modellierbar.

Kat./ Klass.	o	o
Löschen	Löschung einer Kontextbeschreibung	Löschung von Eigenschaften der Methode Löschung der Inhaltsbeschreibung Erfassung der Löschung in delete_data
Schützen/ Sichern	o	Protektion der Inhaltsbeschreibung (z.B. bei sensiblen Ergebnissen)
Freigeben	o	o
Analysieren	Auswertung über ähnlich gelagerte Themenstellungen, Problembereiche	Inhaltlicher Vergleich auf der Basis der Methodecharakteristik

Tabelle 10: Funktionen des ooEDMS auf seine Methodeen-Konstrukte (Methode, Version, Definition, Kategorie, Assoziation, und Eigenschaft)

Die Funktionen Kontrollieren, Archivierung, Backup, Check in / check out sind vollständig auf Methode, Version, Variante, Definition, Kategorie, Assoziationen und Methoden-Elemente übertragbar. Die Funktionen Verteilung und Exchange werden nicht benötigt.

E.4 Funktionen des ooEDMS in der Objektklasse "Teams"

Objekte Funktionen	Personen, Rollen, Organisationen, Org.-Definition, Org.-Version, Org.-Kategorie	Assoziationen	Weisungen
Generieren / Neu anlegen	Gesamte Admin. Daten von allen genannten Elementen	zwischen Personen und Organisationen, zw. Rollen und Personen bzw. Organisationen zw. Organisationen zw. Personen, Organisationen und weiteren Objektklassen	Definition von Weisungsbefugnissen über Rollenprofile Definition von Weisungsbefugnissen zw. Personen, zw. Personen und Organisationen, und zw. Organisationen

Modifizieren Ändern /	Admin. Daten bei Personen und Organisationen Admin. Daten bei Rollen Erfassung der Änderungsdaten (Datum, Verantwortliche Person)	Änderung o.g. Assoziationen Strukturveränderung in einer Organisation Veränderung in der Zahl der beteiligten Personen Veränderung in den Rollenprofilen	Änderung von o.g. Weisungsbefugnissen
Versionieren	gilt nur bei Organisationen	o	o
Suchen	nach sämtlichen Kriterien oder Werten in den Org. Daten	sämtliche Assoziationen (Strukturen, Zusammenhänge, Verwendungen, Mitarbeit etc.)	nach Weisungsbefugnissen
Ersetzen	bestimmte Kriterien bzw. Werte in Org. Daten	o (neue Assoziationen müssen individuell aufgebaut werden)	Ersetzen von Weisungsbefugnissen
Darstellen (Print/View)	Personen, Organisationen und Rollen in Form von Metaphern (z.B. Ikonen)	Assoziationen in unterschiedlichen Farben und Linienarten	Weisungsbefugnisse in unterschiedlichen Farben und Linienarten
Zuordnungen	sämtliche Zuordnungen gemäß Org. Modell	zu weiteren Objektklassen (Dokument, Produkt, Methode, Prozeß)	von Weisungsbefugnisse zu: Rollen, Personen und Organisationen
Kat.	Nur bei Organisationen	o	o
Löschen	Org.Daten (delete_data) Erfassung der Löschungsdaten	Löschung einer Assoziation (keine weitere Gültigkeit dieser Assoziation, keine weitere Anwendung, der Gültigkeitsdauer) Auflösen von Assoziationen in und zwischen Objekten Metadaten der Objekte bleiben erhalten	Löschung von Weisungbefugnissen
Freigeben	von Admin. Daten bei Rollenprofilen, Organisationsstrukturen:	Freigabe einer Assoziation (Gültigkeit einer neuen Assoziation)	nur im Rahmen einer Gesamtfreigabe bzgl. Rolle oder Organisation

Analysieren	Personeneigenschaften Rollenprofile (Qualifikationsanforderung) Organisationshistorie über zeitliche Analyse der Versionen	top_down (Organisationsauflösung) button_up (Beteiligung von Personen) Analyse von Assoziationen zwischen weiteren Objektklassen	Analysieren auf Inkonsistenten durch zyklische Weisungsstrukturen

Tabelle 11 Funktionen des ooEDMS für die Objektklasse "Personen- und Organisation"

Die Funktionen Kontrollieren, Archivierung, Backup, sind vollständig auf Personen, Organisationen, Rollen, Weisungsbefugnisse und Assoziationen übertragbar. Die Funktionen Check in / check out, Verteilung und Exchange werden nicht benötigt

E.5 Funktionen des ooEDMS in der Objektklasse "Geschäftsprozesse"

Objekt Funktionen	Aktion, Version, Aktionsblock	Loop, Loop-Version, Loop-Definition, Loop-Art	Organisatorische Daten (Umlaufmappe)	Assoziationen (Struktur/ Referenz/ Querverweise)	Frame (Varianten)	Kontext
Generieren / Neu anlegen	neue Aktionen durch Systemadministrator oder Prozeßverantwortlichen Blockbildung durch Kopieren von Aktions-Versionen. Neuer alternativer Aktionsblock Admin. Daten der o.g. Elemente	Neue "Grundtypen und Standard-Vorlagen" durch Systemadministrator Neue Geschäfts-prozesse" durch Kopieren und Konfiguration der Vorlagen Admin. Daten der o.g. Elemente	neue Umlaufmappe durch Prozeßverantwortlichen neue Umlaufmappenkapitel durch Teilprozeß-verantwortlichen	Aktion zu weiteren Objektklassen Aktionen zu Aktionsblöcken Aktionsblock zu Aktionsblock (Abarbeitungsreihenfolgen, Alternativblöcke) Aktionsblock zu Loop-Phasen Verkettung, Hierarchisierung von Loops (vier Verkettungsarten) Definition von Querverweisen Zuordnung von verantwortlichen Personen(Loops, Loop-Phasen) Definition von Beziehungen unterschiedlicher Loops (GPs)	Neuer Frame durch Prozeßverantwor tlichen Abhängigkeiten von Frames	Anlegen des spezifischen Kontexts

Modifizieren / Ändern /	Änderung an Aktionsbeschreibungen (geänderter Inhalt in org. Daten, geänderte Vorgehensweise, andere Objekte) Änderung an den Aktionslisten der Aktionsblöcke Erfassung der Änderungsdaten	Nur Änderungen in Vorlagen	Änderung organisatorischer Angaben der Umlaufmappe durch Prozeßverantwortlichen bzw. im Umlaufmappenkapitel durch Teilprozeßverantwortlichen	Änderung der Abarbeitungsreihenfolgen bei Aktionsblöcken Geänderte Alternativen eines Aktionsblocks Änderung der Verantwortlichkeit für Loop (GPs)-> Referenz zur Objektklasse Teams Änderungen im GP-Ablauf -> neue Verkettungen zwischen Loops) Änderung der Bezugsobjekte (Produkt, Dokument, Methode) für die Aktionen und Umlaufmappe Änderungen an Querverweisen ->Änderung der Assoziationsendpunkte (Loops)	Änderung an den Admin. Daten des Frames Hinzufügen / Ersetzen einer neuen Variantenposition Versionierung einer Variantenposition im Frame	Änderung der Kontext-beschreibung
Versionieren	Version-Items der *obigen Elemente*	o	o	o	durch Hinzufügen *einer neuen* Variantenposition, durch Versionierung einer Variantenposition	o

Suchen	nach Werten in Admin. Daten in o.g. Elementen	nach Werten in Admin. Daten in o.g. Elementen	nach Werten und Inhalten in Org. Daten	nach Werten in Admin. Daten von Assoziationen	nach Werten in Org. Daten nach Variantenpositionen und Logiktabellen	nach Kontext-beschreibung
Zuordnung	sämtliche Zuordnungen gemäß Org. Modell	sämtliche Zuordnungen gemäß Org. Modell	sämtliche Zuordnungen gemäß Org. Modell	(vgl. generieren)	neue Varianten ins Frame Logiken Sämtliche Zuordnungen gemäß Org. Modell	Zuordnung auf Aktionblöcke
Ersetzen	Austausch von Zuordnungen, bzw. Werte in Org. Daten	Austausch von Zuordnungen, bzw. Werte in Org. Daten	Austausch von Zuordnungen, bzw. Werte in Org. Daten	o (neue Assoziationen müssen individuell aufgebaut werden)	Ersetzen einer Variantenposition	o
Darstellen (Print/View)	Listen, Formularform	Loop-Darstellung, graphischer Strukturbaum	Metaphern (Sinnbilder)	Verkettungsarten über aus graphischem Strukturbaum ersichtlich Unterschiede in Assoziationen durch Farbe, Linienart	Metaphern (Sinnbilder)	Metaphern (Sinnbilder) Beschreibung
Klassifizieren /Typisieren	über grouped_data im Org. Modell	Kategorisierung (vgl. Geschäftsprozeßarten)	o	o	o	o

Löschen	Löschen von organisatorischen Daten der o.g. Elemente Erfassung der Löschungsdaten	Löschen von organisatorischen Daten der o.g. Elemente	Löschen von organisatorischen Daten der o.g. Elemente	Löschung einer Assoziation (s.o.)) Auflösen von Assoziationen in und zwischen Objekten	Löschen einer Variantenposition Löschen eines Frames	Löschung einer Kontextbesch reibung
Schützen/ Sichern	o	Festlegung des Sicherheitslevel im org. Modell der Loops (GPs) Privilegien der Beteiligten müssen dem Sicherheitslevel der Prozesse entsprechen (Definition der Verantwortungsbereiche)	Festlegung des Sicherheitslevel im org. Modell der Umlaufmappe Privilegien der Beteiligten müssen dem Sicherheitslevel der Mappe entsprechen	o	o	o
Freigeben	Freigabe einer Aktionsversion, eines Aktionsblock durch Erfassung der Verantwortlichen und Datum/Zeit im org. Modell der Elemente	Freigabe eines Loops (alle GP-Arten) durch Erfassung der Verantwortlichen und Datum/Zeit im org. Modell der Elemente	Freigabe einer Umlaufmappe bzw. -kapitel durch ...	Freigabe einer Zuordnung, einer GP-Struktur, eines Querverweises einer Beziehung zwischen GPs durch...	Freigabe eines Frames durch...	o

Analysieren	Aktionshistorie über zeitliche Analyse der Versionen	Loop-Historie über zeitliche Analyse der Versionen	o	Aktions-, Loop-Verwendung (top_down, button_up) Analyse über die zugeordneten Objektklassen Konsistenz der Ablauflogik (Zyklenfreiheit, geschlossene Loops)	Framehistorie über zeitliche Analyse der Frame-Versionen	o

Tabelle 12: Funktionen des ooEDMS auf das Datenmodell "Geschäftsprozeß"

Die Funktionen Kontrollieren, Archivierung, Backup, Check in / check out, Verteilung und Exchange der Objektklasse Produkt sind vollständig auf die Objektklasse Geschäftsprozesse mit ihren Elementen übertragbar.

E.6 Funktionen des ooEDMS in der Objektklasse "Kooperation"

Objekt **Funktionen**	**Konferenz** **(Version, Definition)**	**Teilnehmer**	**Objekte**	**Kontext**
Generieren / Neu anlegen /	Initiierung einer neuen Konferenz Anlegen der gesamten Org. Daten	Erweiterung der Tabelle der um neuen Konferenzteilnehmer	Gemeinsame Generierung neuer Objekte	Anlegen des Konferenz-kontexts
Modifizieren / Ändern /	Änderung organisatorischer Daten der Konferenz	Änderung des Zugriffsrechtes Änderung des Änderungsprinzips (z.B. Warteschlange, freier Modus)	Änderung des Objektstatus Änderung der Objektdaten Veränderung der Objekttabelle durch Hinzunahme weiterer Objekte für die Konferenz	Änderung der Beschreibung des Konferenzkontexts
Versionieren	Anlegen einer neuen Konferenz-Version durch Modifikation in der Teilnehmerzusammensetzung	o	(wird über die jeweiligen Datenmodelle vorgenommen)	o
Suchen	nach sämtlichen Kriterien oder Werten in den Org. Daten	nach Teilnehmer in Konferenzen	nach Objekten in Konferenzen	nach Kontext-Beschreibungen
Ersetzen	bestimmte Kriterien bzw. Werte in Org. Daten	Ersetzen von Teilnehmer	o	o
Zuordnungen	Gemäß Org. Modell	zur Objektklasse "Teams"	zu weiteren Objektklassen (Produkt, Dokument...)	o
Kategorisierung	Gruppierung von Konferenzen über ihre Admin. Daten z.B. alle Konferenzen in der Produktentwicklung XY	o	o	o

Löschen	Zwischen "Beenden" einer Konferenz und "Löschen" von Org.Daten einer Konferenz wird unterschieden	nur Datenmodell "Teams" möglich	nur über die spezifischen Datenmodelle möglich	Löschung der Kontext-beschreibung
Freigeben	bei sicherheitsbezogenen Konferenzen, bzw. sehr aufwendigen Konferenzen sinnvoll	o	nur über die spezifischen Datenmodelle möglich	o
Analysieren	Analyse von Konferenz-Zielsetzungen, Verläufen (Historie)	Analyse von Konferenzteilnehmer, Aufgaben, Rollen	nur über die spezifischen Datenmodelle möglich	o

Tabelle 13: Funktionen des ooEDMS auf das Datenmodell "Kooperation"

Die Funktionen Kontrollieren, Archivierung, Backup der Objektklasse Produkt sind vollständig auf die Objektklasse Kooperation mit ihren Elementen übertragbar.

Anhang F Grundlagen der Objektorientierung

In Analogie zur realen Welt wird in der objektorientierten Modellierung der Gegenstandsbereich durch eine Menge von Objekten repräsentiert, die miteinander in Beziehung stehen. In diesem Kapitel werden die Grundlagen der Objektorientierung beschrieben.

F.1 Objekte, Klassen, Instanzen und Typen

Ein Objekt zerfällt in Attribute und die für diese Attribute zulässigen Methoden. Die Attribute definieren die interne Struktur eines Objektes (Zustand). Methoden stellen die Funktionen dar, die auf dieses Objekt angewendet werden können (Verhalten). Attribute und Methoden werden unter dem Begriff Eigenschaften zusammengefaßt. Eine Klasse beschreibt die Struktur einer Menge von Objekten. Jedes aus dieser Klasse generierte Objekt wird Instanz dieser Klasse genannt. Eine Klasse versteht sich somit als eine "Instanzfabrik", in der beliebig viele Instanzen erzeugt werden können [HEU92], [BEER90], [ATK89]. Durch die Beschreibung einer Klasse wird ein Typ festgelegt. Der Typ definiert die auf Instanzen zulässigen Funktionen und Wertebereiche [MEY90].

F.2 Vererbung, Polymorphismus und Bindung

Organisiert man Klassen in einer hierarchischen Struktur, entstehen Unterklassen, die Attribute und Methoden der übergeordneten Klasse (Oberklasse) erben. Das Prinzip der Vererbung ermöglicht es, daß die Struktur einer Klasse von verschiedenen Unterklassen verwendet wird. Dadurch entsteht eine hohe Flexibilität bezüglich der Nutzung von Daten und Methoden [PIMA93]. Den Unterklassen können neue Eigenschaften hinzugefügt werden; vorhandene Methoden überschrieben bzw. verfeinert werden. Unterklassen sind stets spezieller als ihre Oberklassen, so daß eine Spezialisierungshierarchie entsteht (Is-a-Hierarchie). Besitzt eine Unterklassen mindestens zwei Oberklassen, so spricht man von Mehrfachvererbung. Bei der Mehrfachvererbung können Konflikte auftreten, wenn z.B. gleich benannte Methoden

aus verschiedenen Oberklassen in die abgeleitete Unterklasse vererbt werden. Durch Strategien wie Vorrangfolge der Methoden oder Umbenennung können diese Konflikte aufgelöst werden.
Die Anwendung gleich benannter Operationen (Funktionen) auf Instanzen verschiedener Klassen bezeichnet man als Polymorphismus. Die Bedeutung der Operationen kann für jede Instanz verschieden sein.
Abhängig vom Bindezeitpunkt unterscheidet man statisches und dynamisches Binden. Statische Bindung bedeutet, daß bereits während der Übersetzung des Programmcodes der Compiler den Typ des aktuellen Objekts bestimmen kann. Dadurch ist bekannt, welche Methode aus welcher Klasse ausgeführt werden muß. Bei der dynamischen Bindung ist der Typ des aktuellen Objekts erst zur Laufzeit des Programmes bekannt.

F.3 Datenkapselung und Kommunikation durch Nachrichten

Oberstes Prinzip des objektorientierten Vorgehens ist es, Objekte stets nur von außen zu betrachten und ihren inneren Aufbau zu ignorieren (Datenkapselung). Die Grundidee der Datenkapselung ist die Konzentration auf das Wesentliche und das Verbergen von Details. Von den internen Datenstrukturen und der Implementierung der Operationen wird abstrahiert.
Objekte besitzen interne Zustände, führen Operationen (Methoden) aus und empfangen bzw. senden Nachrichten. Damit ein Objekt eine Methode ausführt, muß eine Nachricht an das Objekt gesendet werden. Eine Nachricht besteht aus der Bezeichnung des Empfängerobjektes, den angesprochenen Methoden und optionalen Argumenten. Empfängt ein Objekt eine Nachricht, so erfolgt die Suche nach der benannten Methode [PIMA93]. Objekte behandeln ihre Aufgaben immer eigenverantwortlich, d.h. man kann dem Objekt nur mitteilen, was es zu erledigen hat, aber nicht wie dies durchzuführen ist [ENGE93].

Anhang G Eigenschaften objektorientierter Datenbanken

Basierend auf den Prinzipien der Objektorientierung (vgl. Anhang F), lassen sich die Eigenschaften objektorientierter Datenbanken (ooDB´s) wie folgt beschreiben:

- *Abbildung komplexer Objekte*

Standardtypen wie "Integer", "Real" und "Strings" bilden die Grundbausteine zum Aufbau komplexer Objekte. Komplexe Objekte beinhalten beliebig viele Attribute unterschiedlichen Typs. Zur Modellierung komplexer Objekte, wie sie im ingenieurswissenschaftlichen Umfeld anzutreffen sind, werden von ooDB´s neben den Standardtypen weitere Typkonstruktoren bereitgestellt, wie Tupel-, Mengen- und Listenkonstruktor. Der Tupelkonstruktor faßt mehrere Attribute zu einem neuen Typ zusammen. Der Mengenkonstruktor erlaubt die Zusammenfassung von vielen Instanzen, wobei die Instanzen nicht geordnet sind und jeweils nur einmal vorkommen dürfen. Der Listenkonstruktor erlaubt die Zusammenfassung von vielen Instanzen, wobei die Instanzen geordnet sind und eine Instanz mehrere Male vorkommen darf.

- *Objektidentität*

Jede Instanz erhält bei ihrer Instanziierung eine Objektidentität, d.h. eine systemweite einmalige Nummer, die sich während der Lebensdauer der Instanz nicht ändert ("surrogate"-Mechanismus). Sie ist unabhängig vom Speicherplatz und vom Zustand der Instanz.

- *Generische Operationen*

Im Gegensatz zur deskriptiven Anfragesprache SQL (Standard Query Language) bei relationalen Datenbanken, fehlt bei ooDB´en ein derartiger Standard. Anfrageprozeduren werden durch generische Operationen (Methoden) ersetzt [HEU92]. Diese Operationen extrahieren die Werte aus den internen Zuständen der Instanzen und können dynamisch neue Typen erzeugen [GRAH94].

- *Integritätsbedingungen*

Durch Integritätsbedingungen können Klassendefinitionen in ooDB´en präzisiert werden, um ungültige Daten auszuschließen und somit die Datenkonsistenz zu erhöhen. Integritätsbedingungen überprüfen beispielsweise *private* Attribute von Instanzen und *inverse Beziehungen* bei Assoziationen zwischen zwei Objekten.

Private Attribute gehören ausschließlich der jeweiligen Instanz. Sie sind von dieser abhängig, da sie erst dann erzeugt werden, wenn die ihre Instanz existiert (z.B. Nummer). Wird die Instanz gelöscht, so wird auch das Attribut gelöscht. *Inverse Beziehungen* treten bei Assoziationen zwischen zwei Objekten auf. Sie kennzeichnen Beziehungen, die in zwei Richtungen interpretierbar sind: Einzelteil ET gehört zu Baugruppe BG, so besteht Baugruppe BG u.a. aus Einzelteil ET.

- *Persistenz*

Persistenz ist die Eigenschaft einer Instanz, durch die ihre Lebensdauer permanent und damit unabhängig von der Ausführungszeit der erzeugenden Applikation wird. Dabei soll nach [HEU92] das Prinzip der *Typ-Orthogonalität* eingehalten werden, d.h. Daten beliebiger Typen können persistent werden. Durch die weitere Forderung nach *Unabhängigkeit der Applikationen* von der Persistenz der Daten, bleiben Applikationen unverändert, wenn die Daten ihre Lebensdauer ändern.

- *Manipulationssicherheit*

Die Manipulationssicherheit von ooDB´en begegnet der Gefahr, daß Daten beabsichtigt oder unbeabsichtigt verfälscht werden, bzw. unberechtigt gelesen werden. Die privaten Attribute der Objekte stellen einen "inneren Schutz" dar, da nur die objektspezifischen Funktionen für die Verarbeitung der privaten Attribute zugelassen sind. Den "äußeren Schutz" bestimmt das Betriebssystem. Das Betriebssystems UNIX wird in der Gruppe C (benutzer-bestimmter Schutz) nach dem Orange Book des NCSC (National Computer Security Center) klassifiziert [LIEB90].

- *Transaktionen und Concurrency Control*

In relationalen Datenbanken genügen Transaktionen dem ACID-Prinzip, d.h. die Transaktionen sind *atomar, konsistent, isoliert* und *dauerhaft*. Transaktionen in relationalen Datenbanken bestehen aus einfachen Operationen (Anfragen, Updates). Objekte im ingenieurswissenschaftlichen Umfeld sind komplexer als die Tupel in relationalen Systemen. Daher sind sowohl Operationen als auch Transaktionen komplexer. E&K-Prozesse sind durch langandauernde Transaktionen charakterisiert (z.B. Produktentwicklung). Transaktionen in ooDB´en sollten daher auch teilweise abgeschlossen werden können, ohne daß ein global konsistenter Zustand erreicht wird

[HEU92]. [CAT91] beschreibt Check-in- und Check-out-Mechanismen zur Vermeidung dieser Schwierigkeiten.

Die *Concurrency Control* steuert das Check-in von Objekten. Bei optimistischen Verfahren findet kein Sperren von Objekten statt. Bei pessimistischen Verfahren können Objekte beim Check-out für andere Transaktionen gesperrt werden.

Anhang H Die Programmiersprache C++ - ein Überblick

Die Programmiersprache C++ ist die Erweiterung von C um objektorientierte Datenstrukturen. C++ besitzt alle Vorteile der prozeduralen Sprache C, wie Flexibilität, Effizienz, Portierbarkeit und Verfügbarkeit und ergänzt diese um Vorteile objektorientierter Programmiersprachen, wie Datenkapselung und Vererbung. Diese werden in C++ durch ein *Klassen*-Konzept realisiert. Es handelt sich hierbei um einen definierten Datentyp, der aus folgenden Teilen besteht:

- das Schlüsselwort *class*, gefolgt vom Namen der Klasse,
- eine Auflistung der Superclasses (C++ unterstützt Mehrfachvererbung),
- der private Teil mit dem Schlüsselwort *privat* - Daten und Methoden dieses Abschnittes sind nicht direkt zugänglich,
- der geschützte Teil mit dem Schlüsselwort *protected* - Daten und Methoden sind nur Subclasses zugänglich,
- der öffentliche Teil mit dem Schlüsselwort *public* - Daten und Methoden sind allgemein zugänglich.

In [MIT89] und [SWA91] wird detailliert auf Typen, syntaktische Notation und Eigenheiten von C++ eingegangen.

Anhang I Verzeichnis der verwendeten Abkürzungen

Abkürzung	Erklärung
BG	Baugruppe
CAD	Computer Aided Design
CADIM	Computer Aided Data Integration Manager
CALS	Computer Aided Acquisition and Logistics Support
CSCW	Computer Supported Cooperative Work
DfA	Design for Assembly
DfM	Design for Manufacture
DfQ	Design for Quality
DML	Data Definition Language
DoPF	Design for Production Facilities
DtC	Design for Cost
DTD	Document Type Definition
E&K	Entwicklung und Konstruktion
EDB	Engineering Database
EDL	Engineering Data Library
EDMS	Engineering Data Management System
EPM	Engineering Process Manager
ET	Einzelteil
ICAD	Intelligent CAD
IMS	Information Management System
ISO	International Organization for Standardization
MDS	Management Decision Support Tool
MPP	Production / Manufacture Process Planning
OMS	Object Management System
ooEDMS	Objektorientiertes EDM-System
PDMS	Product Data Management System
PDVS	Produktdatenverwaltungssystem
PIA	Product Information Archive
RGT	Repository Group Technology
SDAI	Standard Data Access Interface Specification
SGML	Standard Graphic Markup Language
STEP	Standard for the Exchange of Product Data Modell

Tabelle 14: Verwendete Abkürzungen

Lebenslauf

Persönliches	Frank Marcial geboren in Singen am 3. August 1960 verheiratet / 1 Kind
Schulbildung:	1966 - 1970 Grundschule, Singen 1970 - 1972 Hegau Gymnasium, Singen 1972 - 1980 Friedrich Wöhler Gymnasium, Singen
Wehrdienst	1980 -1981 Böblingen, Pfullendorf
Studium	1981 - 1989 Studium im Fachbereich Maschinenwesen, Universität Stuttgart
Berufstätigkeit	1989 - 1992 Mitarbeiter der Fa. Prantner, Verfahrenstechnik GmbH, Reutlingen, im Rahmen der BMFT Fördermaßnahme Forschungskooperation zwischen Industrie und Wissenschaft", wissenschaftlicher Mitarbeiter am Fraunhofer-Institut für Arbeitswirtschaft und Organisation (IAO), Stuttgart seit 1992 freier Mitarbeiter am Fraunhofer-Institut für Arbeitswirtschaft und Organisation (IAO), Stuttgart seit 1997 geschäftsführender Gesellschafter der Fa. Ergo Advanced Business Solutions GmbH, Jenoptik Group